辽宁省"十二五"普通高等教育本科省级规划教材

计算机基础与应用实验指导
（第二版）

主 编 张 宇 张春芳

中国水利水电出版社
www.waterpub.com.cn

内 容 提 要

《计算机基础与应用实验指导》（第二版）是与《计算机基础与应用》（第二版）（中国水利水电出版社出版）配套使用的一本实验指导教材，本书主要介绍的是与《计算机基础与应用》（第二版）中介绍的基本理论、基本操作、基本应用相关的操作环节。

本书从实用出发，以实例为主线，配以丰富的图片，方便学生自学。每一章都根据这一章所涉及的知识点，结合学以致用的原则，提出了基本的要求，这些要求也正是在日常工作、学习中常常用到的。

本书主要内容包括：计算机的发展阶段和基本概念、Windows 的基本应用、Word、Excel、PowerPoint 等几个常用的工具、网络基础知识及程序设计初步、Access 基础。

本书适于应用型本科及高职高专院校的学生使用，也可供对计算机基本应用感兴趣的自学者参考。

本书配套光盘的内容由三个主要的部分组成：《计算机基础与应用》的课件，供教师授课和学生自学使用；部分操作练习题供学生练习或教师课堂演示使用；部分学生的作业供同学比照练习。

图书在版编目（C I P）数据

计算机基础与应用实验指导 / 张宇，张春芳主编
. -- 2版. -- 北京：中国水利水电出版社，2014.7
辽宁省"十二五"普通高等教育本科省级规划教材
ISBN 978-7-5170-2040-0

Ⅰ. ①计… Ⅱ. ①张… ②张… Ⅲ. ①电子计算机－
高等学校－教材 Ⅳ. ①TP3

中国版本图书馆CIP数据核字(2014)第104764号

策划编辑：石永峰　　责任编辑：李 炎　　加工编辑：田新颖　　封面设计：李 佳

书　　名	辽宁省"十二五"普通高等教育本科省级规划教材 计算机基础与应用实验指导（第二版）
作　　者	主编 张 宇 张春芳
出版发行	中国水利水电出版社 （北京市海淀区玉渊潭南路 1 号 D 座　100038） 网址：www.waterpub.com.cn E-mail：mchannel@263.net（万水） 　　　　sales@waterpub.com.cn 电话：（010）68367658（发行部）、82562819（万水）
经　　售	北京科水图书销售中心（零售） 电话：（010）88383994、63202643、68545874 全国各地新华书店和相关出版物销售网点
排　　版	北京万水电子信息有限公司
印　　刷	北京蓝空印刷厂
规　　格	184mm×260mm　16 开本　11 印张　277 千字
版　　次	2008 年 6 月第 1 版　2008 年 6 月第 1 次印刷 2014 年 7 月第 2 版　2014 年 7 月第 1 次印刷
印　　数	0001—3000 册
定　　价	36.00 元（赠 1DVD）

前　言

《计算机基础与应用实验指导》（第二版）是在中国水利水电出版社 2008 年出版的《计算机基础与应用实验指导》的基础上，经过将教学过程中的反馈经验积累后进行修订改版而成，本书很荣幸被评为辽宁省"十二五"普通高等教育本科省级规划教材。

本书是计算机基础课程实验环节所使用的教材，是与《计算机基础与应用》（第二版）（中国水利水电出版社出版）配套使用的一本辅助教材。本书本着强化动手能力，强化实验环节的目的，以注重培养学生操作能力为指导方针，以大量丰富的实例为主线详细地介绍了教学环节中的各个知识点。

本书由 8 个章节组成。

第一章介绍计算机的基本知识，由两大项目组成。第一项是计算机的启动与退出。第二项是计算机键盘的使用。希望同学们能熟练地掌握并且正确的学习文字录入，为后续利用计算机处理个人信息打好基础。

第二章介绍 Windows 操作。以 Windows 7 及 Windows XP 这两个主要的主流操作系统为对象，展开对于 Windows 的介绍。从介绍其中异同出发，方便不同版本操作系统的使用者学习使用。

第三章介绍中文版 Word。第一项用实例说明了 Word 的基本编辑与排版的应用。第二、三项介绍了 Word 的一些高级使用技巧。

第四章介绍 Excel 的基本操作。为了解决学生在 Excel 学习中对于"地址"概念的模糊和在公式使用中所出现的问题，我们引用了大量的实例来说明问题，这些实例通俗易懂，针对性强，容易掌握和理解。

第五章介绍中文版 PowerPoint。考虑学生在工作及就业环节中需要展示和介绍自己，本章以实用为目的介绍了"幻灯片"的制作、播放等一系列的使用操作。

第六章介绍计算机网络。通过事例说明了网络的基本应用，对从邮箱的申请到搜索引擎的使用再到文件下载等常见的网络应用都做了详细的说明。

第七章简单的介绍了程序设计的基本概念，旨在培养学生对于程序的结构，框图等一系列的简单概念，不涉及具体的语言。

第八章简单介绍了 Access 的基本操作和主要的功能，为对数据库及程序设计学习有兴趣的同学提供了相应的操作及练习内容。

本书通俗易懂，学生既可以在老师的指导下完成实验任务，又可以通过实验环节加深对理论知识的理解。还可以通过书上的说明自己动手来完成实验，达到自学的目的。

本书为了方便读者的学习，配备了一张光盘，光盘的内容由三个主要的部分组成：《计算机基础与应用》（第二版）的课件，供教师授课和学生自学使用；部分操作练习题目供学生练习或教师课堂演示使用；部分学生的作业供同学比照练习。

　　本书由张宇、张春芳任主编，参加本书编写工作的老师还有黄海玉、梁宁玉、陈艳、姜雪、何攀利、杨明学等。本书在编写中使用了大量的教学环节中的教案，参考了大量的资料，在此对各位老师表示感谢。由于时间仓促，书中难免会有不足和疏漏，恳请广大读者批评指正。

编　者
2014 年 5 月

目　　录

前言

第一章　计算机基本知识 ·················· 1
　第一项　计算机的启动与退出 ·············· 1
　　一、实验目的 ························ 1
　　二、实验准备 ························ 1
　　三、实验演示 ························ 1
　　四、实验练习及要求 ·················· 3
　第二项　计算机键盘及输入法 ·············· 3
　　一、实验目的 ························ 3
　　二、实验准备 ························ 3
　　三、实验演示 ························ 4
　　四、实验练习及要求 ················· 12
　　五、实验思考 ······················ 12
第二章　Windows 操作系统 ············· 13
　第一项　Windows 的应用程序管理 ······· 13
　　一、实验目的 ······················ 13
　　二、实验准备 ······················ 13
　　三、实验演示 ······················ 13
　　四、实验练习及要求 ················· 19
　　五、实验思考 ······················ 20
　第二项　Windows 的文件和文件夹管理 ··· 20
　　一、实验目的 ······················ 20
　　二、实验准备 ······················ 20
　　三、实验演示 ······················ 20
　　四、实验练习及要求 ················· 27
　　五、实验思考 ······················ 27
　第三项　控制面板与附件的使用 ·········· 28
　　一、实验目的 ······················ 28
　　二、实验准备 ······················ 28
　　三、实验演示 ······················ 28
　　四、实验练习及要求 ················· 35
　　五、实验思考 ······················ 35
第三章　文字处理软件 Word ··········· 36
　第一项　Word 文档的建立与编辑 ········ 36

　　一、实验目的 ······················ 36
　　二、实验准备 ······················ 36
　　三、实验演示 ······················ 36
　　四、实验练习及要求 ················· 39
　第二项　Word 文档的格式设置 ·········· 40
　　一、实验目的 ······················ 40
　　二、实验准备 ······················ 40
　　三、实验演示 ······················ 40
　　四、实验练习及要求 ················· 53
　第三项　Word 文档的图文混排 ·········· 55
　　一、实验目的 ······················ 55
　　二、实验准备 ······················ 56
　　三、实验演示 ······················ 56
　　四、实验练习及要求 ················· 64
　　五、Word 综合大作业 ··············· 65
　　六、实验思考 ······················ 66
第四章　电子表格 Excel ·············· 67
　第一项　Excel 的基本操作 ············· 67
　　一、实验目的 ······················ 67
　　二、实验准备 ······················ 67
　　三、实验演示 ······················ 67
　第二项　公式与函数的应用 ············· 78
　　一、实验目的 ······················ 78
　　二、实验准备 ······················ 78
　　三、实验演示 ······················ 78
　　四、实验练习及要求 ················· 85
　第三项　数据的管理与分析 ············· 86
　　一、实验目的 ······················ 86
　　二、实验准备 ······················ 86
　　三、实验演示 ······················ 86
　　四、实验练习及要求 ················· 96
　　五、Excel 综合大作业 ·············· 99
　　六、实验思考 ······················ 99

第五章　PowerPoint 演示文稿·······················100
　第一项　幻灯片的基本操作·······················100
　　一、实验目的·······························100
　　二、实验准备·······························100
　　三、实验演示·······························100
　　四、实验练习及要求·······················106
　　五、实验思考·······························107
　第二项　幻灯片的高级操作·······················107
　　一、实验目的·······························107
　　二、实验准备·······························107
　　三、实验演示·······························107
　　四、实验练习及要求·······················114
　　五、实验思考·······························114
第六章　计算机网络·······························115
　第一项　IE 浏览器基本操作·······················115
　　一、实验目的·······························115
　　二、实验准备·······························115
　　三、实验演示·······························116
　第二项　搜索引擎的使用·······················129
　　一、实验目的·······························129
　　二、实验准备·······························129
　　三、实验演示·······························129
　　四、实验练习及要求·······················138

　　五、实验思考·······························138
第七章　程序设计初步·······························139
　　一、实验目的·······························139
　　二、实验准备·······························139
　　三、实验演示·······························139
　　四、实验练习及要求·······················146
　　五、实验思考·······························147
第八章　Access 数据库基础·······················148
　第一项　创建数据库及数据表·······················148
　　一、实验目的·······························148
　　二、实验准备·······························148
　　三、实验演示·······························148
　　四、实验练习与要求·······················153
　第二项　数据表的维护·······························156
　　一、实验目的·······························156
　　二、实验准备·······························157
　　三、实验演示·······························157
　　四、实验练习与要求·······················162
　第三项　查询·······························163
　　一、实验目的·······························163
　　二、实验准备·······························163
　　三、实验演示·······························163
　　四、实验练习及要求·······················168

第一章　计算机基本知识

本章实验的基本要求：

- 熟悉计算机硬件系统的组成。
- 了解计算机的工作过程，掌握启动与关闭计算机的方法。
- 熟悉键盘，掌握打字的基本指法。
- 掌握一种常用的输入法及技巧。

第一项　计算机的启动与退出

一、实验目的

1. 熟悉计算机的各部件，了解各部件的功能。
2. 掌握启动计算机的方法。
3. 掌握系统安全退出的方法。

二、实验准备

安装了 Windows 操作系统的多媒体电脑一台。

三、实验演示

1. 计算机的冷启动

计算机的冷启动是指计算机在没有接通电源情况下的启动过程。

实验过程与内容：

- 先接通计算机的各外部设备和主机的电源。
- 打开显示器。
- 按下主机箱的电源开关。

2. 热启动

计算机在加电启动后，可能由于一些误操作造成计算机的"死机（键盘、鼠标操作无任何反应）"，发生"死机"后需要摆脱死机状态，重新进入 Windows 的正常操作界面。

实验过程与内容：

（1）同时按下 Ctrl、Alt、Delete 三个键后屏幕上会弹出"任务管理器"窗口，如图 1-1 所示。

（2）单击"关机"菜单→"重新启动"命令，就可以进行热启动了。

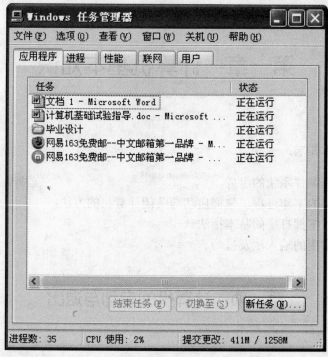

图 1-1   任务管理器

3. 强制关机

当计算机处于无法调取"任务管理器"时，为了将计算机从死机的状态中解脱出来，必须要强制关机。

实验过程与内容：

按下计算机主机箱上的电源按钮 Power，并保持按下状态约七秒钟，计算机会进入关机状态。

4. 关机

实验过程与内容：

（1）单击"开始"菜单，选择"关闭计算机"项，弹出"关闭计算机"对话框。

（2）单击"关闭"命令。

5. 利用设备管理器查看硬件配置

实验过程与内容：

（1）在 Windows 桌面上，用鼠标右击"我的电脑"图标，在出现的快捷菜单中选择"属性"。

（2）打开"系统属性"窗口，单击"硬件→设备管理器"，在"设备管理器"窗口中显示了计算机配置的所有硬件设备，如图 1-2 所示。从上往下依次排列着光驱、磁盘控制器芯片、CPU、磁盘驱动器、显示器、键盘、声音及视频等信息，最下方则为显示卡。想要了解哪一种硬件的信息，可以将其下方的内容展开即可。

操作提示：

利用设备管理器除了可以看到常规硬件信息之外，还可以进一步了解主板芯片、声卡及硬盘工作模式等情况。例如想要查看硬盘的工作模式，只要双击相应的 IDE 通道即可弹出属性窗口，在属性窗口中可看到硬盘的设备类型及传送模式。

图 1-2 设备管理器

四、实验练习及要求

1．观察计算机的外观，辨认各部件，并了解各部件的功能。

2．练习启动计算机，并观察启动过程中硬盘驱动器的指示灯变化。

3．练习用两种方式重新启动计算机：（1）使用机箱上的重新启动按钮；（2）按快捷键 Ctrl+Alt+Delete。

第二项　计算机键盘及输入法

一、实验目的

1．熟悉键盘布局，掌握正确的键盘击键方法。

2．熟悉掌握一种常用的输入法。

3．提高打字速度。

二、实验准备

1．熟悉一种打字练习软件（如《金山打字通》）的使用方法。

2．计算机和打字软件。

三、实验演示

1. 键盘介绍

键盘是计算机标准的输入设备，按功能一般可将键盘分为主键盘区（也称打字区）、功能键区、编辑键区、状态指示区和数字键区，如图 1-3 所示。

功能键区　　　　　　　　　　　　　　　　　　状态指示区

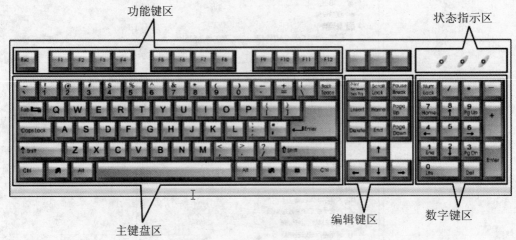

主键盘区　　　　　　　　　　　编辑键区　　数字键区

图 1-3　键盘

（1）主键盘区（如图 1-4 所示）。

图 1-4　主键盘区

主键盘区分为字符键和控制键，其控制键及其功能如表 1-1 所示。

表 1-1　主键盘区的控制键及其功能

控制键	键名	功能
Shift	上档键或换档键	（1）用于输入上位字符 （2）灵活改变英文字母的大小写
Ctrl	控制键	此键必须和其他键配合使用才起作用
Alt	转换键	此键一般用于程序菜单控制
Tab	制表键	每按一次，光标向右移动一个制表位（制表位长度由软件定义）
Backspace（←）	退格键（删除键）	删除光标前的字符
Enter	回车键或强制换行键	将光标换行
Space	空格键	输入空格键
Caps Lock	英文字母大小写锁定键	对应状态指示灯亮时为大写状态；反之为小写状态

（2）功能键区。

功能键区包括 Esc 和 F1~F12 共 12 个功能键。12 个功能随操作系统或应用程序的不同而不同。在 Windows 系统中，F1 通常为联机帮助键。Esc 键用于退出当前状态，进入另一状态或者返回系统。

（3）编辑键区。

编辑键区包括的按键及其功能如表 1-2 所示。

表 1-2　编辑键区的按键及其功能

按键	键名	功能
Print Screen（PrtScn）	屏幕拷贝键	将当前屏幕信息直接输出到打印机上打印，或者拷贝屏幕信息
Pause/Break	暂停/中止键	用于暂停命令的执行，按任意键继续执行命令
Insert	插入/改写切换键	插入编辑方式的开关键，按一下处于插入状态，再按一下，解除插入状态
Delete	删除键	删除插入点光标后的字符
Home	行首键	将光标移到屏幕的左上角或者本行的首字符
End	行尾键	将光标移到本行最后一个字符的右侧
Page Up	向上翻页	上移一屏
Page Down	向下翻页	下移一屏
↑↓→←	光标移动键	光标上移或下移一行，左移或右移一个字符的位置

（4）数字键区。

数字键区由 Num Lock——数字锁定键控制，对应状态指示灯亮时数字键有效，灯灭时移动光标键有效。

（5）中文标点符号及其键位。

表 1-3　中文标点符号及其键位对照表

中文标点符号	标点名	按键
、	顿号	
——	破折号	Shift+-
—	连接号	Shift+&
……	省略号	Shift+^
￥	人民币符号	Shift+$
·	间隔号	Shift+@
"　"	双引号	Shift+'
《》	书名号	Shift+<，Shift+>

2. 打字基础

（1）正确的姿势。

初学键盘输入时，首先必须注意的是击键的姿势。如果初学时姿势不当，就不能做到准确、快速地输入，也容易疲劳。

打字操作的正确姿势：

- 身体保持正直，稍偏于键盘右方。
- 座椅要调整到便于手指操作的高度，两脚放平。
- 两肘轻轻垂于腋边，手指轻放于规定的字键上，手腕平直。

（2）正确的指法。

主键盘区的第三行为基准键，共有八个键，分别是"A、S、D、F、J、K、L、;"。准备打字时，除拇指外其余的八个手指分别放在基准键上，即将左手小指、无名指、中指、食指分别置于A、S、D、F键上；将右手食指、中指、无名指、小指分别置于J、K、L、;键上，拇指放在空格键上。十指分工明确，如图1-5所示。

图1-5　手的正确姿势

每个手指除了指定的基准键外，还分工负责其他的字键，称为它的范围键。

（3）打字练习过程中应注意的问题（键位分工如图1-6所示）。

- 在击键过程中身体始终保持正确的姿势。
- 手指必须按规定键位放置，不可乱放。
- 击键时，手下盲打，眼看屏幕，字字校对，直至各个键都能正确输入为止。

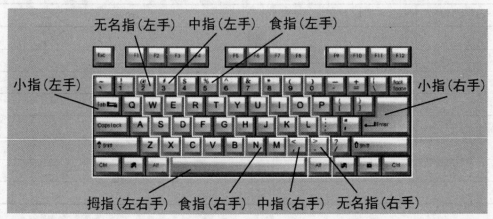

图1-6　键位分工

3. 搜狗拼音输入法

搜狗拼音输入法（简称搜狗输入法）是由搜狐公司推出的一款Windows平台下的汉字拼音输入法。

（1）切换出搜狗输入法。

- 方法一：将鼠标移到要输入的地方，单击左键，使系统进入到输入状态。然后按"Ctrl+Shift 键"切换输入法，直到切换出搜狗拼音输入法即可。
- 方法二：当系统仅有一个输入法或者搜狗输入法为默认的输入法时，按下"Ctrl 键+空格键"即可切换出搜狗输入法。

操作提示：

由于大多数人只用一个输入法，为了方便、高效起见，可以把自己不用的输入法删除掉，只保留一个自己最常用的输入法即可。即通右击过系统的"语言文字栏"从快捷菜单选择"设置"选项把自己不用的输入法删除掉（这里的删除并不是卸载，以后可以还通过"添加"选项重新添加）。

（2）翻页选字。

- 搜狗拼音输入法默认的翻页键是"逗号（,）句号（。）"，即输入拼音后，按句号（。）进行向下翻页选字，相当于 PageDown 键，找到所选的字后，按其相对应的数字键即可输入。用"逗号"、"句号"时手不用移开键盘主操作区，效率最高，也不容易出错。
- 输入法默认的翻页键还有"减号（-）等号（=）"，"左右方括号（[ ]）"，还可以通过"设置属性"→"按键"→"翻页键"来进行设定。

（3）中英文切换。

- 方法一：按下 Shift 键（输入法的默认方法）就切换到英文输入状态，再按一下 Shift 键就会返回中文状态。
- 方法二：用鼠标单击状态栏上面的中字图标也可以切换。
- 方法三：回车输入英文，即在中文输入状态下，直接输入英文，然后敲回车就可以输入所要的英文。这种方法可以在输入较短的英文时使用，能省去切换到英文状态下的麻烦。

（4）使用简拼进行输入。

简拼是输入声母或声母的首字母来进行输入的一种方式，搜狗输入法现在支持的是声母简拼和声母的首字母简拼。

例如：

中国	zhg、zg
童年	tn
常来常往	chlchw、clcw

操作提示：

有效的用声母的首字母简拼可以提高输入效率，减少误打，例如，要输入"指示精神"这几个字，如果输入传统的声母简拼，只能输入"zhshjsh"，需要输入的字母多而且多个 h 容易造成误打，而输入声母的首字母简拼，"zsjs"能很快得到想要的词。

（5）简拼全拼的混合输入。

简拼由于候选词过多，可以采用简拼和全拼混用的模式，这样能够兼顾最少输入字母和输入效率。

例如：

输入法	srf、sruf、shrfa
指示精神	zhishijs、zsjingshen、zsjingsh、zsjingsh、zsjings

（6）双拼输入。

- 双拼是用定义好的单字母代替较长的多字母韵母或声母来进行输入的一种方式。使用双拼可以减少击键次数，但是需要记忆字母对应的键位，但是熟练之后效率会有一定提高。如果使用双拼，要在设置属性窗口把双拼选上即可。

例如：如果 T=t，M=ian，键入两个字母 TM 就会输入拼音 tian。

- 特殊拼音的双拼输入规则有：

对于单韵母字，需要在前面输入字母 O+韵母。例如：输入 OA→A，输入 OO→O，输入 OE→E。

而在自然码双拼方案中，和自然码输入法的双拼方式一致，对于单韵母字，需要输入双韵母，例如：输入 AA→A，输入 OO→O，输入 EE→E。

（7）拆字辅助码。

- 使用拆字辅助码可以快速的定位到一个单字。
- 使用方法如下：

想输入一个汉字【娴】，但是非常靠后，找不到，那么输入【xian】，然后按下【tab】键，在输入【娴】的两部分【女】【闲】的首字母 nx，就可以看到只剩下【娴】字了，输入的顺序为 xian+tab+nx。拆字辅助码的偏旁读音见表 1-4。

表 1-4　拆字辅助码的偏旁读音

偏旁	名称	读音
丶	点	dian
丨	竖	shu
(一)	折	zhe
冫	两点水儿	liang
冖	秃宝盖儿	tu
讠	言字旁儿	yan
刂	立刀旁儿	li
亻	单人旁儿	dan
卩	单耳旁儿	dan
阝	左耳刀儿	zuo
辶	走之儿	zou
氵	三点水儿	san
忄	竖心旁	shu
艹	草字头	cao
宀	宝盖儿	bao
彡	三撇儿	san
爿	将字旁	jiang
扌	提手旁	ti
犭	犬	quan

续表

偏旁	名称	读音
饣	食字旁	shi
纟	绞丝旁	jiao
彳	双人旁儿	chi
礻	示字旁	shi
攵（夂）	反文儿（折文儿）	fan
（牜）	牛字旁	niu
疒	病字旁	bing
衤	衣字旁	yi
钅	金字旁	jin
虍	虎字头儿	hu
（罒）	四字头儿	si
（覀）	西字头儿	xi
（訁）	言字旁	yan

- 独体字由于不能被拆成两部分，所以独体字是没有拆字辅助码的。

（8）U 拆字方法。

输入时遇到不认识的字，可以使用 U 拆字方法。比如不认识【窈】这个字，可以用 U 拆分为一个穴一个幼，输入的顺序为 uxueyou。

（9）笔划筛选。

- 笔划筛选用于输入单字时，用笔顺来快速定位该字。
- 使用方法：输入一个字或多个字后，按下 Tab 键（Tab 键如果是翻页的话也不受影响），然后用 h 横、s 竖、p 撇、n 捺、z 折依次输入第一个字的笔顺，一直找到该字为止。五个笔顺的规则同上面的笔划输入的规则。要退出笔划筛选模式，只需删掉已经输入的笔划辅助码即可。
- 例如，快速定位"珍"字，输入了 zhen 后，按下 Tab，然后输入珍的前两笔 hh，就可定位该字。

（10）V 模式输入。

- v 模式中文数字（包括金额大写）

v 模式中文数字是一个功能组合，包括多种中文数字的功能。只能在全拼状态下使用：

a）中文数字金额大小写：输入 v424.52，输出"肆佰贰拾肆元伍角贰分"；

b）罗马数字：输入 99 以内的数字例如 v12，输出 XII；

c）年份自动转换：输入 v2014.8.8 或 v2014-8-8 或 v2014/8/8，输出"2014 年 8 月 8 日"；

d）年份快捷输入：输入 v2014n12y25r，输出"2014 年 12 月 25 日"。

- V 模式中计算

例如，计算 42+15，输入 V42+15，结果就自动计算出来了。

计算 3*5，输入 V 3*5。

- V 模式输入特殊符号

先输入 V，再输入 "@+*/-" 等符号，然后敲空格即可。但输入后 v 字母也会显示出来，需要处理。

（11）插入当前日期时间。

插入当前日期时间的功能可以方便的输入当前的系统日期、时间、星期。即：

- 输入 rq（日期的首字母），选择不同的数字，输出不同格式的系统日期。
- 输入 sj（时间的首字母），输出系统时间。
- 输入 xq（星期的首字母），输出系统星期。

（12）搜狗拼音输入法特殊的使用方法。

- 键入 haha，选择不同的数字，会得到^_^、o(∩_∩)o 哈哈~等。如图 1-7 所示。

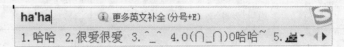

图 1-7　键位分工

- 键入 xixi，选择对应数字，得到(*^__^*)嘻嘻……。
- 键入 hehe，选择不同的数字，得到:-)或 o(∩_∩)o...。
- 键入 llysc，选择对应数字，得到离离原上草，一岁一枯荣。野火烧不尽，春风吹又生。远芳侵古道，晴翠接荒城。又送王孙去，萋萋满别情。
- 键入 pai，选择对应数字，得到π。
- 键入 aerfa，选择对应数字，得到希腊字母α，依此类推。
- 键入 wjx，选择不同的数字，分别得到☆和★。
- 键入 sjt、xjt、zjt、yjt，选择不同的数字，分别得到↑、↓、←和→。
- 键入 sjx，选择不同的数字，分别得到△和▲。

4. 智能 ABC 输入法

（1）中文输入法状态条。

如图 1-8 所示为智能 ABC 输入法的两种输入法状态条，利用该状态条可实现中、英文输入状态切换，全角、半角输入状态切换，中英文标点切换以及打开/关闭软键盘等操作。

图 1-8　中文输入法状态条

状态条中不同按钮代表的含义分别表示如下：

- 中文/英文切换按钮：🉐 表示中文输入、Ａ 表示英文输入。
- 全角/半角切换按钮：● 表示全角符号、☽ 表示半角符号。
- 中/英文标点切换按钮：„ 表示中文标点、‟ 表示英文标点。
- 软键盘开/关切换按钮：▦ 打开或关闭软键盘。

操作提示：

软键盘开/关按钮的使用方法如下。

- 用鼠标右键单击该按钮，可以打开包含 13 种软键盘的菜单（如图 1-9 所示），然后根据需要单击鼠标左键打开一种键盘。

PC键盘	标点符号
希腊字母	数字序号
俄文字母	数学符号
注音符号	单位符号
拼　音	制表符
日文平假名	特殊符号
日文片假名	

图 1-9　软键盘菜单图

- 用鼠标左键直接单击该按钮，则打开上次选择的软键盘。
- 打开一种软键盘后再次用鼠标左键单击该按钮，则关闭软键盘。

操作提示：

状态条中不同按钮的转换（即输入状态的切换）可通过两种途径来实现：一是通过鼠标单击完成，二是利用键盘的快捷键来实现，如表 1-5 所示。

表 1-5　切换输入状态的快捷键

状态切换	快捷键	备注
中/英文输入法切换	Caps Lock	输入大写字母
	Ctrl+Space	只在当前使用的中文输入法和英文间切换
各种输入法之间的切换	Ctrl+Shift	左右组合的效果不同
英文字符全角/半角切换	Shift+Space	
中/英文标点切换	Ctrl+ .	

注意：

- 在输入中文时，用小写字母输入。
- 拼音"ü"在输入时用字母"v"代替。例如：女（nv）、绿（lv）。

（2）"智能 ABC"输入法输入技巧。

- 全拼：在智能 ABC 输入法中，输入汉语拼音，提示框中显示相应的同音字，用对应的数字键选取所需要的汉字，如果默认提示框中没有所需要的汉字，用"="键、"-"键或 Page Up 键、Page Down 键翻页。
- 简拼：对一些常用汉字可用简拼来完成，即只输入声母后就按 Space（空格）键，会直接得到该字，见表 1-6。
- 混拼：在输入词组时，同时采用全拼与简拼方法，这样既可以减少输入的字母，也可以减少重码。例如："方法"，全拼——fangfa，简拼——ff，混拼——ffa；"重要"，全拼——zhongyao，混拼——zhyao；"宏大"，全拼——hongda，混拼——hda。
- 中文输入过程中的英文输入：在汉字输入过程中，若偶尔有少量英文字母，可不必进行中英文的切换，只要在输入的字母前先输入字母 v，然后再输入所需的字母即可。

表 1-6   简拼字表

键入字母	对应汉字	键入字母	对应汉字	键入字母	对应汉字
d	的	s	是	h	和
j	就	t	他	g	个
n	年	i	一	x	小
F	发	sh	上	p	批
l	了	z	在	zh	这
w	我	b	不	ch	出
r	日	y	有		

- 中文数字输入：在文档中若要输入"〇、一、……、九"等小写数字或"零、壹、……、玖"等大写的数字，可以先输入字母"i"或"I"，然后输入相应的数字 0、1、2、……、9，按 Space（空格）键即可实现。
- 以词定字：对有些汉字输入拼音后重码较多，输入效率低，因此可以利用"以词定字"的方法，即在输入一个双音节或多音节的词后，直接按"["键，可以取该词的第一个字，若按"]"键，则取该词的最后一个字。如输入 xxxr，然后按"["，可以直接选到"欣"字，若按"]"可以选到"荣"字。
- 词频调整：将同音词中刚刚使用过的词的优先级调至最高，可以提高输入速度。其设置方法为：右击输入法状态条，选择"属性设置"，在"智能 ABC 输入法设置"对话框中选中"词频调整"，单击"确定"按钮。

四、实验练习及要求

1．基本指法练习。

2．中文打字练习，要求速度达到每分钟 30 字，正确率 98%以上为合格；每分钟 60 字、正确率 98%以上为优秀。

3．英文打字练习，要求速度达到每分钟 100 字符，正确率 98%以上为合格；每分钟 150字符正确率 98%以上为优秀。

4．利用"软键盘"输入特殊符号"★※§"、拼音"ā"、特殊字母（如希腊字母"αβδ"）等。

五、实验思考

1．在利用键盘进行各种输入法之间的切换时，使用键盘左侧和右侧的 Ctrl+Shift 效果有什么不同？

2．在"全角"、"半角"状态下分别输入数字"1998"和字母"word"，效果是否相同？为什么？

3．智能 ABC 输入法中利用字母 v 和数字键"1~9"可以进行哪些符号的输入？举例说明。

第二章　Windows 操作系统

本章实验的基本要求：

- 掌握 Windows 资源管理器的使用。
- 掌握 Windows 的程序管理方法。
- 掌握 Windows 常用的文件和文件夹管理方法。
- 掌握控制面板及附件的基本操作。

第一项　Windows 的应用程序管理

一、实验目的

1．掌握 Windows 下启动、退出及切换程序的方法。
2．掌握 Windows 下创建快捷方式的方法。

二、实验准备

安装了 Windows XP 或 Windows 7 操作系统的计算机。

三、实验演示

1．启动应用程序
【示例1】
启动"记事本"、"我的文档"、Microsoft Word 等应用程序。
实验过程与内容：

- 方法一：利用桌面的快捷方式图标打开 Microsoft Word

双击桌面上 Word 的快捷方式图标，即可打开该应用程序。
操作提示：
若桌面上没有 Word 的快捷方式图标，也可以用"开始"菜单的方式打开。即依次单击"开始"→"所有程序"→Microsoft Office→Microsoft Word 命令。

- 方法二：利用"开始"菜单启动"记事本"

单击"开始"→"所有程序"→"附件"→"记事本"命令（如图 2-1、2-2 所示），打开"记事本"窗口。

- 方法三：利用"运行"对话框启动"我的文档"应用程序

（1）依次单击"开始"→"运行"命令，打开"运行"对话框，如图 2-3 所示。
（2）在"打开"栏中输入"c:\WINDOWS\explorer.exe"。或单击"浏览"按钮，在 C 盘的 WINDOWS 文件夹下选中 explorer.exe 文件，单击"打开"。

图 2-1   Windows XP 下的选择记事本命令

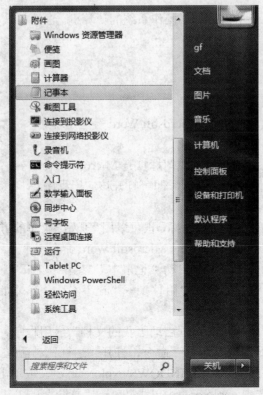

图 2-2   Windows 7 下选择记事本命令

图 2-3　"运行"对话框

（3）单击"确定"按钮，打开"我的文档"窗口。

操作提示：

在 Windows 7 的开始菜单中没有"运行"命令，若要打开"运行"对话框，可以采用以下四种方法：

● 方法一：使用快捷键打开。

同时按住 Win 键和 R 键，就可以将"运行"的窗口显示出来，这是最简单也最便捷的方法。

● 方法二：使用"附件"中的"运行"命令。

在 Windows 7 操作系统中，依次单击"开始"→"附件"→"运行"命令。

图 2-4　Windows 7 下选择"运行"命令

● 方法三：使用开始菜单的"搜索"文本框。

Windows 7 把查询、运行等功能合在一起了。即在开始菜单的"搜索"文本框中直接输入

"运行"，在搜索的结果中也能找到对应程序，单击后即可打开。或者输入"运行"后，直接按回车键，也可以打开相应对话框。

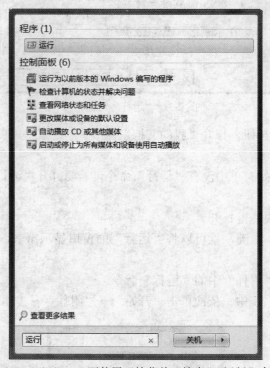

图 2-5　Windows 7 下使用开始菜单"搜索""运行"命令

- 方法四：在"开始"菜单中显示"运行"命令。

右击"开始"按钮，选择"属性"，然后在"「开始」菜单"的选项卡中单击"自定义"（如图 2-6 所示），在弹出的对话框"自定义开始菜单"中选择"运行命令"（如图 2-7 所示），单击"确定"按钮后，"运行"命令就会又出现在 Windows 7 的开始菜单上了（如图 2-8 所示）。

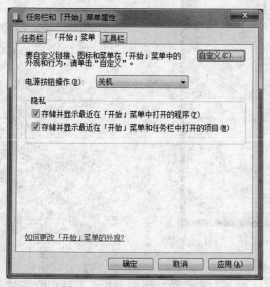

图 2-6　选择"自定义"命令

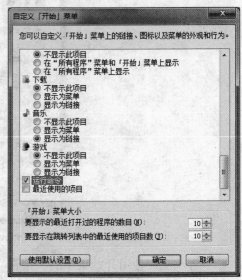

图 2-7　选择"运行命令"

图 2-8　开始菜单中显示"运行"命令

2. 应用程序间的切换

【示例 2】

将"我的文档"、"画图"、"记事本"和 Microsoft Word 等多个程序，用以下方式进行活动程序窗口的切换。

实验过程与内容：

（1）打开"我的文档"、"画图"、"记事本"和 Microsoft Word 等多个应用程序。

（2）用键盘切换。

● 　方法一：用 Alt+Esc 快捷组合键。

先按下 Alt 键，然后再通过按 Esc 键来选择所需要打开的窗口。

操作提示：

使用 Alt+Esc 组合键只用于切换非最小化的多个窗口。

● 　方法二：用 Alt+Tab 快捷组合键。

首先在键盘上同时按下 Alt 和 Tab 两个键，屏幕上会出现切换任务栏，如图 2-9 所示，在其中列出了当前正在运行的窗口图标；然后在按住 Alt 键的同时，通过不断按下 Tab 键从"切换任务栏"中选择所要打开的窗口，选中后再释放 Alt 和 Tab 两个键，选择的窗口即可成为当前窗口。

图 2-9　切换任务栏

还可以用 Alt+Shift+Tab 快捷组合键进行程序的切换，但其切换的顺序与 Alt+Tab 快捷组合键的相反。

（3）用鼠标切换，单击任务栏上对应的程序图标。

3. 退出应用程序

【示例3】

将"我的文档"、"画图"、"记事本"和 Microsoft Word 等多个程序，用以下方式关闭。

实验过程与内容：

（1）打开"我的文档"、"画图"、"记事本"和 Microsoft Word 等多个应用程序。

（2）单击"我的文档"标题栏最右侧的"关闭按钮"。

（3）双击"画图"标题栏左侧的控制菜单图标。

（4）打开"记事本"控制菜单选关闭。

（5）激活 Microsoft Word，使用快捷键 Alt+F4，关闭程序。

4. 创建程序的快捷方式

【示例4】

在桌面上为 Microsoft Word、"画图"、"记事本"创建快捷方式。

实验过程与内容：

- 方法1：使用鼠标拖动为 Microsoft Word 创建快捷方式

（1）打开"开始"菜单，找到 Microsoft Word。

（2）按下 Ctrl 键并用鼠标拖动 Microsoft Word 到桌面。

- 方法2：使用"发送到"菜单命令为"画图"创建快捷方式

（1）打开"开始"菜单，在"所有程序"→"附件"中选定"画图"。

（2）单击右键，在弹出的快捷菜单中选择"发送到"→"桌面快捷方式"命令。

- 方法3：使用"新建"菜单命令为"记事本"创建快捷方式

（1）在桌面上单击右键，执行快捷菜单中的"新建"→"快捷方式"命令，打开"创建快捷方式"对话框（如图 2-10 或 2-11 所示）。

（2）单击"浏览"按钮，打开"浏览文件夹"对话框，如图 2-12 所示，找到"记事本"的可执行文件"NOTEPAD.EXE"，单击"确定"。则"创建快捷方式"对话框的"请键入内容位置"文本框中显示记事本的文件名和路径，如图 2-10 所示。

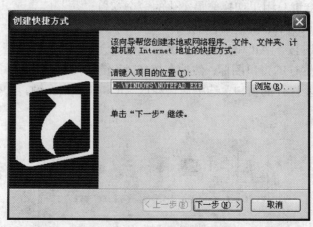

图 2-10　Windows XP 下"创建快捷方式"对话框

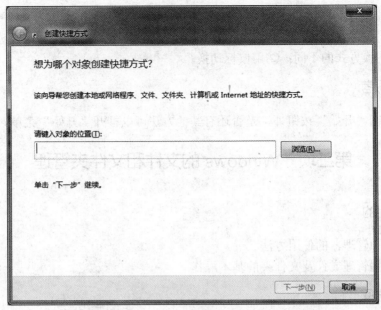

图 2-11　Windows 7 下"创建快捷方式"对话框

图 2-12　"浏览文件夹"对话框

（3）单击"下一步"，按提示将快捷方式的名称修改为"记事本"，单击"完成"按钮结束操作。

四、实验练习及要求

1. 在桌面上为"计算器"程序创建快捷方式图标，双击图标，打开相应的程序窗口，然后用键盘命令关闭窗口。

2. 打开"我的文档"并任意改变窗口大小、移动窗口位置，然后关闭窗口。

3. 依次打开"我的文档"、"写字板"和"记事本"窗口，使所有窗口"横向平铺"、"层叠窗口"，然后最小化所有窗口，再还原各窗口，最后关闭所有窗口。

4．依次打开"我的文档"、"我的电脑"和"记事本"等多个窗口，用两种方式进行活动窗口的切换：①用键盘切换，分别用 Alt+Esc、Alt+Tab 和 Alt+Shift+Tab 组合键进行窗口的切换，观察它们切换方式的不同；②用鼠标切换。

五、实验思考

1．除了单击"开始"按钮外，是否还有其他方法可以打开"开始"菜单？

第二项　Windows 的文件和文件夹管理

一、实验目的

1．学会资源管理器的使用方法。
2．熟练掌握管理文件及文件夹的基本操作。

二、实验准备

安装了 Windows XP 或 Windows 7 操作系统的计算机。

三、实验演示

Windows 操作系统对文件和文件夹的管理包括更改文件和文件夹属性、设置文件和文件夹的显示方式以及对文件或文件夹进行创建、选定（单选，多选）、复制（拷贝）、移动、重命名、删除、搜索等操作。

操作提示：

对文件和文件夹的大部分操作来说，实现的途径都不唯一，归纳起来有以下四种方法：

* 选择菜单命令。
* 鼠标右键单击操作对象，在快捷菜单中选择相应的命令。
* 使用工具栏上的工具按钮。
* 用 Ctrl 键、Shift 键配合鼠标操作或使用快捷键。

以下操作步骤的说明主要以菜单方式为主。

1．资源管理器的使用

【示例 1】

启动 Windows 的"资源管理器"。

实验过程与内容：

* 方法一：双击桌面上"我的电脑"（Windows 7 下为"计算机"）图标打开"资源管理器"（如图 2-13 或 2-14 所示）。或者用鼠标右击"我的电脑"图标，选择"资源管理器"。
* 方法二：鼠标右击"开始"菜单，选择"资源管理器"。
* 方法三：使用组合键，按下 Windows+E 组合键。
* 方法四：单击"开始"菜单，选择"所有程序"→"附件"→"Windows 资源管理器"命令。

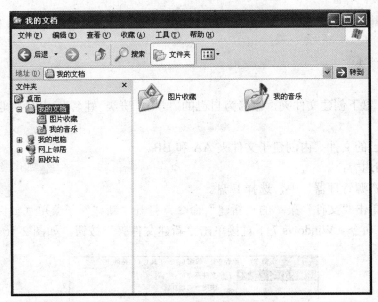

图 2-13　Windows XP 资源管理器窗口

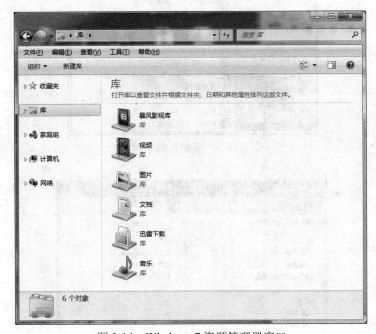

图 2-14　Windows 7 资源管理器窗口

【示例2】

设置 C 盘下文件和文件夹的显示方式。

实验过程与内容：

（1）打开"资源管理器"→"本地磁盘（C：）"。

（2）单击"查看"，打开下拉菜单。

（3）在"大图标"、"小图标"、"文件名列表"、"详细信息"等方式中选择一种，显示 C 盘下的各个文件及文件夹的图标、名称等信息。

（4）在"排列图标"子菜单下，分别选择按"名称"、"大小"、"类型"、"修改时间"方式来排列图标。

2. 创建文件夹

【示例3】

（1）在 E 盘下创建文件夹，命名为自己的"学号_班级_姓名"。其中，学号只写后两位即可。

（2）在自己的文件夹内创建子文件夹 AA 和 BB。

实验过程与内容：

（1）在"资源管理器"中，选择 E 盘。

（2）依次单击"文件"菜单的"新建"命令，打开"新建"子菜单（如图 2-15 所示），单击"文件夹"命令（Windows 7 下直接单击"新建文件夹"按钮，如图 2-16 所示）。

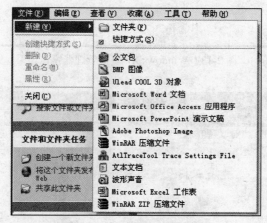

图 2-15　"新建"的子菜单

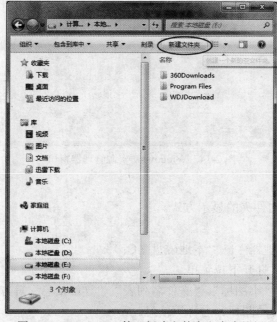

图 2-16　Windows 7 的"新建文件夹"命令按钮

（3）输入文件夹名，按 Enter 键；或用鼠标单击文件夹名方框外任意位置。

（4）双击打开自己的文件夹，按以上过程再创建两个子文件夹，分别命名为 AA 和 BB。

3．创建不同类型的文档

【示例 4】

在已创建的自己的文件夹内新建 4 种类型的文档，即：文本文档，命名为 LX_note；BMP 图像文档，命名为 "LX_picture"，Microsoft Word 文档，命名为 LX_word，Microsoft Excel 工作表，命名为 "LX_excel"。

实验过程与内容：

（1）在 "资源管理器" 中，打开 E 盘下自己的文件夹。

（2）依次单击 "文件" 菜单的 "新建" 命令，打开 "新建" 子菜单（如 2-15 所示），单击一种文档类型，如 "文本文档"。

（3）输入文件名，按 Enter 键或用鼠标单击空白位置。

（4）重复（2）、（3）步骤，依次创建其他类型的 3 个文档并命名。

操作提示：

根据创建文档的不同类型，在步骤（2）中要注意选择相应的程序类型。不同类型的文档，其图标和扩展名是不一样的。

4．复制文件

【示例 5】

将 "示例 2" 中创建的文本文档 LX_note 和 Word 文档 LX_word 复制到 AA 文件夹中。

操作提示：

在对文件（夹）进行复制、移动、删除等操作时，首先要选定操作对象，即选择文件或文件夹，被选择的对象呈蓝底白字。

实验过程与内容：

（1）在 "资源管理器" 中，进入 E 盘下自己的文件夹。

（2）单击文本文档 LX_note，选定该文档。

（3）按住 Ctrl 键，同时单击 Word 文档 LX_word，选定了不连续的两个文档。

（4）依次单击 "编辑" 菜单的 "复制" 命令，或用 Ctrl+C 快捷键执行该操作。

（5）双击文件夹 AA，依次单击 "编辑" 菜单的 "粘贴" 命令，或用 Ctrl+V 组合键完成该操作。

5．移动文件

【示例 6】

将 "示例 2" 中创建的 4 个文档移动到 BB 文件夹中。

实验过程与内容：

（1）在 "资源管理器" 中，进入 E 盘下自己的文件夹。

（2）选定 4 个文档。

（3）依次单击 "编辑" 菜单的 "剪切" 命令，或用 Ctrl+X 快捷键。

（4）双击文件夹 BB，依次单击 "编辑" 菜单的 "粘贴" 命令，或用 Ctrl+V 组合键。

操作提示：

也可用鼠标拖动的办法实现复制和移动操作。

- 同一驱动器中，将文件从一个文件夹拖动到另一个文件夹是"移动"文件；而将文件从一个驱动器的文件夹拖动到另一个驱动器的文件夹是"复制"文件。
- 在同一驱动器中，实现文件的"复制"操作，需要在拖动文件的同时，按住 Ctrl 键；在不同一驱动器之间，实现文件的"移动"操作，则需按住 Shift 键的同时拖动文件。

6．删除文件

【示例 7】

删除 BB 文件夹中的文本文档 LX_note 和 Word 文档 LX_word。

实验过程与内容：

（1）双击文件夹 BB，选定文本文档 LX_note 和 Word 文档 LX_word。

（2）单击"文件"菜单的"删除"命令，或单击右键，在弹出的快捷菜单中单击"删除"命令，或直接使用快捷键 Delete。

（3）弹出"确认文件/文件夹删除"提示框，如图 2-17 所示。

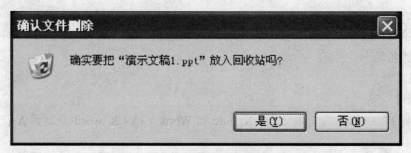

图 2-17   "确认文件/文件夹删除"提示框

（4）单击"是"按钮，删除文档，并将文档放在"回收站"内。单击"否"按钮，则不删除文件。

操作提示：

（1）放入"回收站"的被删除文档，并没有从磁盘中彻底删除，可以随时从"回收站"中恢复。

（2）如果要彻底将对象从磁盘中删除，需要按 Shift+Delete 组合键，或者在单击"删除"命令时按住 Shift 键，则删除后将无法恢复。

7．重命名文件/文件夹

【示例 8】

将 AA 文件夹内的文本文档 LX_note 重命名为 LX_note21。

实验过程与内容：

（1）双击文件夹 AA。

（2）选择文档 LX_note，单击"文件"菜单的"重命名"命令，文件名称将处于编辑状态（蓝色反白显示）。

（3）键入新的名称，按"回车"键确定输入。

操作提示：

也可在文件或文件夹名称处直接单击两次（两次单击间隔时间应稍长一些，以免使其变为双击），使文件名处于编辑状态，键入新的名称进行重命名操作。

8. 搜索文件

Windows 可以根据用户确定的搜索条件，对本地硬盘的文件夹、文件进行搜索，并将搜索结果显示在资源管理器右侧的窗格内。需要终止本次搜索时，可单击"停止搜索"按钮。

搜索中可以使用通配符，即"*和?"，其中"*"代表任意多个字符，"?"代表任意一个字符。

【示例9】

按部分文件名，在 E 盘上搜索文件名以 LX_开头的所有文档。

实验过程与内容：

（1）通过"开始"菜单或在"资源管理器"中单击工具栏中的"搜索"按钮，打开"搜索结果"窗口，如图 2-18 所示。

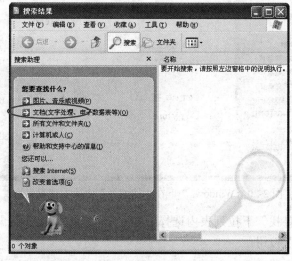

图 2-18 "搜索结果"窗口

（2）单击"所有文件和文件夹"，在"全部或部分文件名"文本框内输入 LX_*（如图 2-19、2-20 所示）。

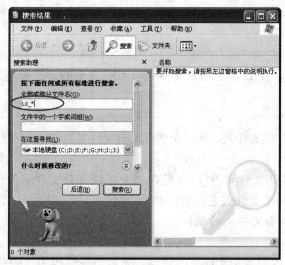

图 2-19 Windows XP 下在"搜索结果"窗口输入搜索目标

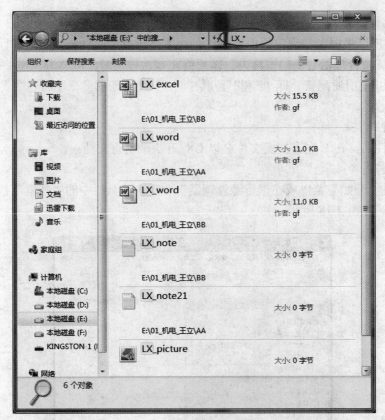

图 2-20　Windows 7 下在"搜索栏"中输入搜索目标

（3）在"在这里寻找"下拉列表内选择 E 盘。

（4）单击"搜索"按钮。

【示例 10】

按部分文件名及扩展名搜索文件，在 E 盘上搜索文件名的第 4 个字母为 n，扩展名为 TXT 的所有文档。

实验过程与内容：

操作过程参见"示例 9"，只是在步骤（2）的"全部或部分文件名"文本框内要输入"???n*.txt"。

【示例 11】

同时搜索多个文件，在 E 盘上搜索文件名以 LX_ 开头的、扩展名为 TXT 或 DOC 的所有文档。

提示：

若同时查找多个文件或文件夹，在"全部或部分文件名"文本框内需用空格分隔各文件名。

实验过程与内容：

本题的操作过程参见"示例 9"，只是在"全部或部分文件名"文本框内的输入要改为 LX_*.txt　LX_*.doc（两个文件名之间有空格）。

9. 查看、更改文件和文件夹的属性

【示例 12】

查看自己的文件夹内的 AA 文件夹的属性，然后将属性改为"隐藏"。

实验过程与内容：

（1）在"资源管理器"中，打开 E 盘下自己的文件夹。选中 AA 文件夹。

（2）依次单击"文件"菜单→"属性"命令，打开"属性"对话框，查看 AA 文件夹的属性。

（3）在属性的复选框中选择"隐藏"属性。

（4）单击"确定"按钮。

10. 显示属性为隐藏的文件和文件夹

【示例 13】

将自己的文件夹内属性为"隐藏"的 AA 文件夹显示出来。

实验过程与内容：

（1）在"资源管理器"中，打开 E 盘下自己的文件夹。

（2）单击"工具"→"文件夹选项"命令，打开"文件夹选项"对话框。

（3）单击"查看"选项卡，在"高级设置"栏内选择"显示所有文件和文件夹"单选按钮。

（4）单击"确定"按钮。

四、实验练习及要求

1. 打开"资源管理器"，显示 C:/WINDOWS 下的所有文件/文件夹，并改变显示方式。

2. 打开"资源管理器"，以"详细信息"方式显示 C:/WINDOWS 下的所有文件，然后按文件名、类型、大小、修改时间排列文件图标。

3. 文件及文件夹的操作。

要求：

● 在 D：盘根目录下新建一个文件夹，并以本人学号姓名命名，如"01 王力"。

● 在自己的文件夹下新建 Word 文档，命名为"Word 练习"；新建 Excel 文档，命名为"Excel 练习"；新建文本文档，命名为 LX。

● 在自己的文件夹下建立新文件夹 WJJ1。

● 在自己的文件夹下，将文本文档 LX.TXT 复制为文件 LX1.TXT。

● 将"Word 练习"移动到新建文件夹 WJJ1 中，并将其属性改为隐含和只读。

● 将"Excel 练习"复制到文件夹 WJJ1 中，然后将原文件删除。

4. 在系统内查找以下四种文档：

● 所有扩展名为".DOC"的文档。

● 文档名的首字母为 L，且只有两个字母组成的文本文档。

● 文件内容包含 Windows，大小不超过 10KB 的文本文件。

● D 盘上修改时间介于 2014 年 9 月 1 日至 2014 年 10 月 8 日之间的文件。

注意：具体查找条件可作适当调整。

5. 使用"发送到"命令将自己文件夹中保存的文件发送到自己的 USB 盘（优盘）中。

6. 在"我的电脑"窗口中设置显示或隐藏文件的扩展名。

五、实验思考

1. 如果没有指定文件夹，Windows 会自动把文件保存在哪个文件夹中？

2. 被设置为"共享"的文件夹有什么标志？

3. 文件或文件夹的"删除"包括"逻辑删除"与"物理删除"两种不同操作，二者有何区别？

4. 使用"搜索"是否可以一次查找多个文件或文件夹？

第三项　控制面板与附件的使用

一、实验目的

1. 学会"控制面板"的使用，掌握系统设置的方法。

2. 学会"附件"中"记事本"、"写字板"、"画图"等程序的使用。

二、实验准备

了解"控制面板"及其包含的系统设置类别。

三、实验演示

"控制面板"提供了丰富的专门用于更改 Windows 的外观和行为方式的工具。使用这些工具可对系统进行配置、管理、优化以及设备安装。单击"开始"菜单，选择"控制面板"，打开"控制面板"窗口（如图 2-21 或 2-22 所示）。

图 2-21　Windows XP 下控制面板窗口

图 2-22　Windows 7 下控制面板窗口

在计算机的使用过程中，根据用户的需要经常要安装新的应用程序，而对于不再使用的程序，为节省硬盘空间和提高系统性能，可对其进行删除。

1. 添加应用程序

【示例 1】

在 Windows 系统中安装应用程序。

实验过程与内容：

（1）打开"控制面板"窗口，双击"添加或删除程序"图标，打开"添加或删除程序"窗口。

（2）单击窗口左侧的"添加新程序"按钮，如图 2-23 所示，右侧会显示出与添加新程序相关的内容。

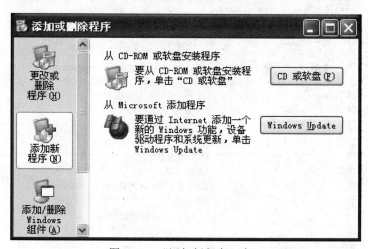

图 2-23　"添加新程序"窗口

（3）确定安装途径，单击"CD 或软盘"按钮或 Windows Update 按钮。

（4）按照系统逐步出现的屏幕提示完成安装操作。

操作提示：

对于大多数应用程序，可以通过"资源管理器"直接定位到安装程序源文件的位置，直接运行安装程序，按照提示即可完成安装。

2．删除应用程序

【示例2】

在 Windows 系统中删除应用程序。

实验过程与内容：

（1）打开"添加或删除程序"窗口（如图 2-24 或图 2-25 所示）。

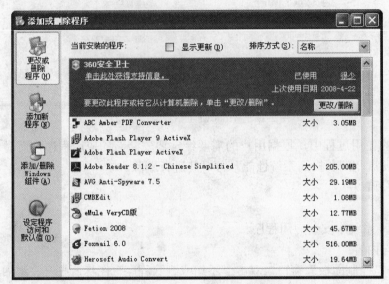

图 2-24　Windows XP 的"更改或删除程序"窗口

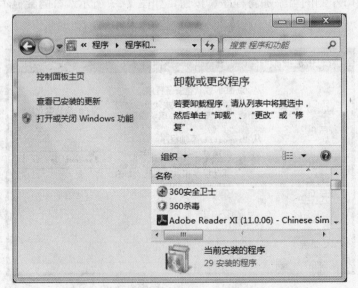

图 2-25　Windows 7 的"更改或删除程序"窗口

（2）单击"更改或删除程序"按钮，窗口右侧会列出当前系统已经安装的程序，如图 2-24 或图 2-25 所示。

（3）单击要删除的程序名。

（4）单击"更改/删除"按钮。

（5）按屏幕出现的提示对话框逐步完成删除。

3. 桌面的基本设置

【示例3】

设置用户所喜欢的桌面背景、屏幕保护程序。

实验过程与内容：

（1）打开"外观和主题"窗口

在"控制面板"窗口中单击"外观和主题"选项，就会出现如图 2-26 所示的"外观和主题"窗口。

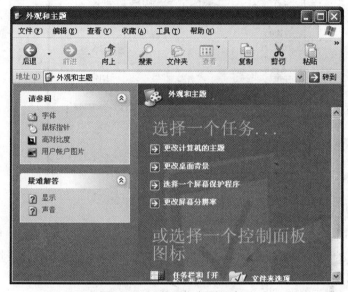

图 2-26　"外观和主题"窗口

操作提示：

Windows 7 下选择"外观和个性化"选项，打开如图 2-27 所示的"外观和个性化"窗口。

图 2-27　"外观和个性化"窗口

（2）更改桌面背景

在"外观和主题"窗口中单击"更改桌面背景"选项或在"显示属性"对话框中选择"桌面"选项卡（如图 2-28 所示），就可以按照自己的喜好在"背景"列表框中选择开机的桌面"图案"，如可以是个人的照片等。

图 2-28　"桌面"选项卡

（3）选择屏幕保护程序

单击"外观和主题"窗口中的"选择一个屏幕保护程序"选项，或在"显示属性"对话框中选择"屏幕保护程序"选项卡，单击"屏幕保护程序"下方的下拉列表按钮，可以选择屏幕保护程序，如图 2-29 所示。

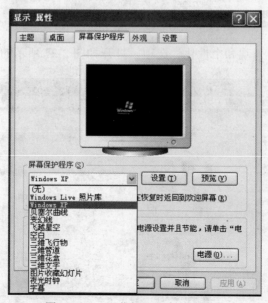

图 2-29　"屏幕保护程序"选项卡

4. 学习"画图"程序的使用

"画图"是一个位图图像编辑程序,用户可以使用它来绘制图画,也可以对扫描的图片及其他复制的各种位图格式的图画进行编辑、修改。编辑完成后,可以用 BMP、JPG、GIF 等格式存档,还可以将其"设置为墙纸"或插入其他文本文档中。

【示例4】

在"画图"程序中绘制一幅精美图片,并将其设置成桌面。

实验过程与内容:

(1)单击"开始",依次选择"程序"→"附件"→"画图"命令。

(2)打开"画图"窗口(如图 2-30 或 2-31 所示)。

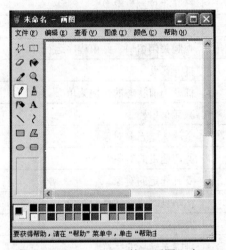

图 2-30　Windows XP 的"画图"窗口

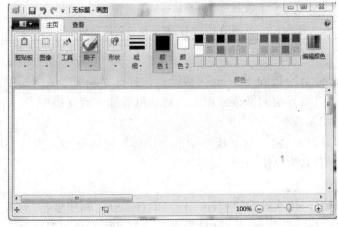

图 2-31　Windows 7 的"画图"窗口

(3)选择工具箱中的不同工具绘制图画,利用"图像"菜单中的命令修饰图画。

(4)单击"文件"菜单→"设置为墙纸"命令。

操作提示:

- 要画水平(垂直)直线或 45 度斜直线,按住 Shift 键的同时拖动"直线"工具即可。
- 要画正方形或正圆,按住 Shift 键的同时拖动"矩形"或"椭圆形"工具即可。

5. 学习快捷键的使用

窗口通用快捷键及其功能如表 2-1 所示。

表 2-1   窗口通用快捷键及其功能

快捷键	功能
Alt+Tab	在当前打开的各个程序窗口之间正向（由左至右）切换
Alt+Shift+Tab	在当前打开的各个程序窗口之间逆向（由右至左）切换
Alt+Esc	按照打开窗口的顺序切换窗口
Ctrl+Esc	打开"开始"菜单
Alt+Space	打开"控制"菜单
Alt+F4	关闭窗口，退出程序
Ctrl+Alt+Del	强制关闭窗口，结束程序运行
F1	打开帮助
Shift+F10	打开当前状态的快捷菜单
Alt	激活菜单栏
Ctrl+A	全部选定当前对象
Ctrl+X	剪切选定的对象
Ctrl+C	复制选定的对象
Ctrl+V	粘贴复制或剪切后的对象
Ctrl+Z	撤消前一步操作
Del	删除光标后的字符
Backspace	删除光标前的字符
Print Screen 或 PrtScn	复制当前屏幕到剪贴板
Alt+Print Screen 或 PrtScn	复制当前窗口、对话框等对象到剪贴板

操作提示：

使用 Print Screen、Alt+Print Screen 快捷键后，打开"画图"或"写字板"等程序，执行"粘贴"命令，就可以将复制的屏幕或窗口、对话框等插入到文档中。

【示例 5】

打开"写字板"程序，将"写字板"中的"字体"对话框插入到写字板文档中。保存文档到自己的文件夹，命名为"快捷键_练习 1"。

实验过程与内容：

（1）单击"开始"，依次选择"程序"→"附件"→"写字板"，打开"写字板"窗口。

（2）依次单击"格式"菜单→"字体"命令，打开"字体"对话框。

（3）按 Alt+Print Screen 快捷键，复制"字体"对话框。

（4）单击"取消"命令，关闭"字体"对话框。

（5）在"写字板"中执行"粘贴"命令。

（6）单击"文件"→"保存"，在"另存为"对话框中选择自己的文件夹，输入"快捷键_练习 1"，单击"保存"按钮。

【示例 6】

将桌面上"回收站"图标插入到"写字板"文档中。保存该文档到自己的文件夹中，文件名为"快捷键_练习 2"。

实验过程与内容：

（1）显示整个桌面，按 PrtScn 键复制桌面。

（2）打开"画图"程序，执行"粘贴"命令，将复制的桌面"粘贴"为图片文档。

（3）在"画图"程序中剪切"回收站"图标。即用"选定"框将"回收站"图标选定，再执行"复制"或"剪切"操作。

（4）打开"写字板"程序，执行"粘贴"操作，将剪切的"回收站"图标插入写字板文档中。

（5）保存该文档到自己的文件夹，命名为"快捷键_练习 2"。

四、实验练习及要求

1．在 Windows 系统中建立以自己名字命名的系统账户、设定用户密码、权限和用户图片，并登陆该用户账户。

2．鼠标设置，由原来的右手习惯改为左手习惯，并调整双击速度，使之加快（或减慢）。然后恢复原有设置。

3．设置系统时间为：15 点 10 分，日期为：2014 年 9 月 12 日，然后恢复当前设置。

4．用鼠标方式打开"记事本"，并输入"沈阳大学"，然后将其存入自己的文件夹内，文件名为"练习 1"。

5．完成下列计算：$(735)_{10}$=(　　　　　)$_8$=(　　　　　)$_2$；$(44E)_{16}$=(　　　　　)$_8$，$(10110110)_2$=(　　　　　)$_{10}$=(　　　　　)$_8$；然后用"附件"中的"计算器"检验是否正确。

6．打开"命令提示符"窗口，并将窗口最大化，然后再还原，退回到 Windows 系统。

7．进入"写字板"，用键盘方式选择一种输入法并置为全角。输入"沈阳大学 University of Shenyang"。

8．用画图程序画出如下图形：圆形、正方形、等腰直角三角形，并在相应图形下标注图形的名称，然后保存文件到自己的文件夹中，文件名为"图画 1"。

9．用画图程序任意创作一幅图片，要求构图优美、文字高雅，并保存到自己的文件夹中，文件名为"图画 2"。再将其设置为墙纸，然后恢复墙纸的设置。

10．将 Wordpad.EXE 文件添加到"开始"菜单，并取名为"写字板"，然后将其从"开始"菜单中删除。

11．设置任务栏的属性，将其隐藏或取消隐藏，并且改变任务栏的大小和位置。

五、实验思考

1．在当前登陆的用户选择"注销"与"切换用户"有什么区别？

2．可以将任务栏的宽度调整到与桌面大小相同吗？

3．在"记事本"中是否可以插入图片？

第三章　文字处理软件 Word

本章实验的基本要求：

- 熟练掌握 Word 文档的建立、保存等基本操作。
- 熟练掌握 Word 文档的文本编辑与修改。
- 熟练掌握 Word 文档的字符格式、段落格式设置及页面排版。
- 熟练掌握表格的基本操作。
- 熟练掌握图片与文字的混合排版。

第一项　Word 文档的建立与编辑

一、实验目的

1. 掌握文件的新建、打开、保存和关闭等操作。
2. 熟练掌握录入文本及文本的选中、移动、复制、剪切、粘贴等操作。
3. 熟练掌握文档编辑中"符号"及"特殊符号"的插入方法。
4. 掌握文本的查找与替换。

二、实验准备

1. 了解 Word 程序窗口中标题栏、菜单栏、工具栏、状态栏等组成元素。
2. 在某个磁盘（如 D:\）下创建自己的文件夹。

三、实验演示

1. 创建文档并保存

【示例1】

在 Word 中录入如图 3-1 所示的内容（不包括外边框），并保存为"基本操作练习"，保存位置为自己的文件夹。

谁也给不了你想要的生活！

（文摘）

"时间不欺人"，这是她教会我的道理！

一个二十几岁的人，你做的选择和接受的生活方式，将会决定你将来成为一个什么样的人！我们总该需要一次奋不顾身的努力，然后去到那个你心里魂牵梦绕的圣地，看看那里的风景，经历一次因为努力而获得圆满的时刻。

这个世界上不确定的因素太多，我们能做的就是独善其身，指天骂地的发泄一通后，还是继续该干嘛干嘛吧！因为你不努力，谁也给不了，你想要的生活！

图 3-1　"基本操作练习"的文字样本

实验过程与内容：

（1）打开 Word 程序，系统自动创建一个新的 Word 文档，默认名为"文档1"。

（2）单击"文件"菜单→"保存"命令，打开"另存为"对话框，如图 3-2 所示。

图 3-2 "另存为"对话框

（3）在"保存位置"的下拉列表中找到自己的文件夹，在"文件名"的文本框中输入文档名"基本操作练习"，单击"保存"按钮。

（4）在文本编辑区输入图 3-1 所示的文字样本。

（5）单击工具栏上的"保存"按钮，保存输入的文本内容。

（6）单击"关闭"按钮，关闭文档。

2. 在文档中插入"符号"或"特殊符号"

【示例2】

在 Word 中录入如图 3-3 所示的内容（不包括外边框），并保存为"符号练习"，保存位置为自己的文件夹。

生活中的理想温度

人类生活在地球上，每时每刻都离不开温度。一年四季，温度有高有低，经过专家长期的研究和观察对比，认为生活中的理想温度应该是：

居室温度保持在 20℃~25℃；

饭菜的温度为 46℃~58℃；

冷水浴的温度为 19℃~21℃；

阳光浴的温度为 15℃~30℃。

图 3-3 "符号练习"的文字样本

实验过程与内容：

（1）新建文档并保存为"符号练习"，输入图 3-3 文字样本中的一般文本内容。

（2）插入"特殊符号"——℃。

执行菜单"插入"→"特殊符号"命令（如图 3-4 所示），打开"插入特殊符号"对话框，选择"单位符号"选项卡（如图 3-5 所示），在字符列表中选择"℃"符号，单击"确定"结束输入。

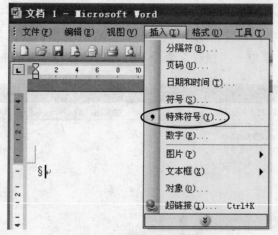

图 3-4　选择"特殊符号"命令

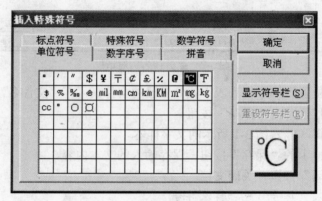

图 3-5　"单位符号"选项卡

（3）插入"符号"——🐧、🦜、🚂、🛥

　　执行菜单"插入"→"符号"命令，打开"符号"对话框，在"符号"选项卡的"字体"下拉列表中选择 Webings（如图 3-6 所示），在字符列表中选择其中一个符号，如🐧，单击"插入"按钮。再依次选择其他几个符号，并完成插入操作。然后关闭"符号"对话框。

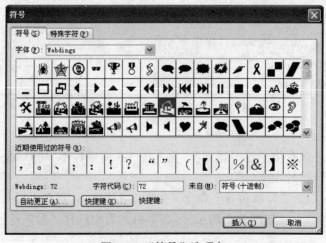

图 3-6　"符号"选项卡

（4）单击"关闭"按钮，关闭文档。

（5）在出现的确认更改的提示框中选择"是"，保存文件并关闭。

3. 文本的查找与替换

【示例3】

在 Word 程序中输入如图 3-7 所示的内容（不包括外边框），并保存为"查找与替换练习"，并保存在自己的文件夹中。然后使用"查找与替换"功能，将文中所有"文件"两个字替换为"文档"。

保存文件

"文件"→"保存"：用于不改变文件保存。

"文件"→"另存为"：一般用于改变文件名的保存，包括盘符、目录或文件名的改变。

"文件"→"另存为 Web 页"：存为 HTML 文件，其扩展名为.htm、.html、.htx。

图 3-7　"查找与替换练习"的文字样本

实验过程与内容：

（1）新建文档并保存为"查找与替换练习"，输入图 3-7 文字样本中的文本内容。

（2）单击"编辑"菜单→"查找"命令，打开"查找和替换"对话框。

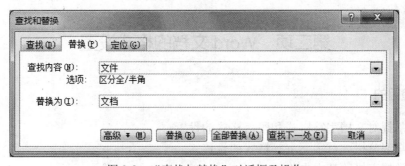

图 3-8　"查找与替换"对话框及操作

（3）在"查找"选项卡的"查找内容"文本框内输入要查找的内容"文件"。

（4）单击"替换"选项卡，在"替换为"文本框内输入替换内容"文档"。

（5）单击"查找下一处"按钮，找到文字自动变为选中状态，如图 3-8 所示。

（6）若继续查找可继续单击"查找下一处"按钮，直至结束；若要替换查找到的内容，单击"替换"按钮，原内容被替换，并自动找到下一处。

（7）若该处不替换，可单击"查找下一处"按钮。

（8）完成后单击"关闭"按钮。

四、实验练习及要求

1. 打开自己的文件夹中的"符号练习"文档，进行如下操作：

- 将文档中所有的"℃"替换为"℉"。
- 在文档中通过"插入"菜单中的"特殊符号"，插入如图 3-9 所示的一些符号，并输入相应的文本内容。

数学符号：≈　∮　≧　∞
标点符号：《》　々　【】　≈≈
特殊符号：■　▼　★　※　⑮
单位符号：mg　℃　￥　‰　℉
数学序号：①　Ⅳ　㈠　Ⅻ

图 3-9　"符号练习"的新增内容

- 在文档中通过"插入"菜单中的"符号"，插入如下的一些符号。

→ ＼ ⇦ ↻ ↺ ◗ ✐ ☎ ☝ ✋ ⊠ ☑ ✂ ▥ ✌ ☺ ♉ ☞ ◄◄ ☖ ☗ 🔒

2．新建 word 文档，输入如图 3-10 所示的内容后，以"水调歌头"为文件名保存到自己的文件夹中。

水调歌头
丙辰中秋，欢饮达旦，大醉。作此篇，兼怀子由。
明月几时有？把酒问青天。不知天上宫阙，今夕是何年。我欲乘风归去，惟恐琼楼玉宇，高处不胜寒，起舞弄清影，何似在人间！
转朱阁，低绮户，照无眠。不应有恨，何事长向别时圆？人有悲欢离合，月有阴晴圆缺，此事古难全。但愿人长久，千里共婵娟。

图 3-10　"水调歌头"的文字样本

第二项　Word 文档的格式设置

一、实验目的

1．熟练掌握对文档字符格式和段落格式的设置。
2．熟练掌握分栏、首字下沉等格式的设置。
3．熟练掌握表格的基本操作。
4．掌握设置页眉、页脚和页码的方法。
5．掌握页面设置和打印预览。

二、实验准备

1．了解 Word 程序窗口中标题栏、菜单栏、工具栏、状态栏等组成元素。
2．在某个磁盘（如 D:\）下创建自己的文件夹。

三、实验演示

1．设置字符格式
【示例 1】
打开"基本操作练习.DOC"文档，另存为"字符格式设置.DOC"，保存在自己的文件夹中。然后进行如下的字符格式设置：
- 将第一行设置为一级标题，一级标题黑体、小二号字、字体颜色为红色、加黄色双下划线；

- 对字符"时间不欺人"设置为鲜绿色突出显示；
- 对字符"你做的选择和接受的生活方式"设置宽度为 1.5 磅的天蓝色边框、对字符"你将来成为一个什么样的人"加天蓝色底纹；
- 对字符"奋不顾身"设置为鲜绿色突出显示、200%缩放、对字符"指天骂地"设置为鲜绿色突出显示、66%缩放；
- 对字符"魂牵梦绕"设置为鲜绿色突出显示、字符间距加宽 2 磅；
- 将最后一行字符设置为红色、四号字、加粗、倾斜、加着重号、"礼花绽放"文字效果。

实验过程与内容：

（1）将第一行设置为一级标题。

- 将插入点置于第一行的任意位置，或在该段中选择任意数量的文字。
- 单击"格式"菜单→"样式和格式"命令，出现图 3-11 所示的任务窗格。
- 单击"标题 1"，这时第一行的字符显示为"标题 1"的默认格式设置。

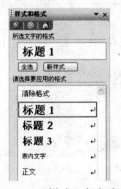

图 3-11　"样式"任务窗格

（2）字符的基本格式设置。

　　选中第一行的所有字符，单击"格式"菜单→"字体"命令，在弹出的"字体"对话框中按练习要求进行字体、字号、字符颜色、下划线及颜色的设置，如图 3-12 所示。

图 3-12　"字体"对话框

（2）设置突出显示。

- 选中字符"时间不欺人"，单击"格式"工具栏上的"突出显示"按钮 的下拉按钮，选择鲜绿色设置字符突出显示效果。
- 用类似操作设置字符"奋不顾身"、"魂牵梦绕"、"指天骂地"的突出显示。

（3）设置边框和底纹。

- 选中字符"你做的选择和接受的生活方式"，执行菜单"格式"→"边框和底纹"命令，在弹出的"边框和底纹"对话框中选择"方框"、天蓝色、1.5磅宽度，如图3-13所示。
- 选中字符"你将来成为一个什么样的人"，如上步骤，打开"边框和底纹"对话框，单击"底纹"选项卡，选择天蓝色底纹。

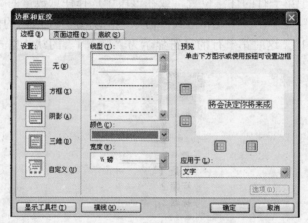

图3-13　"边框和底纹"对话框

（4）设置字符间距。

- 选中字符"奋不顾身"，单击"格式"菜单→"字体"命令，在弹出的"字体"对话框中选择"字符间距"选项卡，如图3-14所示。在"缩放"下拉列表中选择"200%"，单击"确定"按钮。用类似的方法，对字符"指天骂地"设置66%缩放。

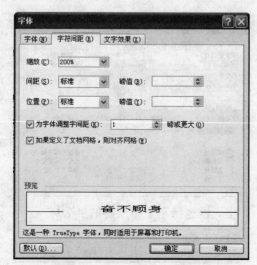

图3-14　"字符间距"选项卡

- 选中字符"魂牵梦绕",如上步骤,打开"字符间距"选项卡,在"间距"下拉列表中选择"加宽",在"磅值"项中设置 2 磅,完成字符间距加宽的设置。

(5)设置文字效果。

- 选中最后一行,打开"字体"对话框,在"字体"选项卡中进行红色、四号字、加粗、倾斜、加着重号的字符格式设置。
- 单击"文字效果"选项卡,如图 3-15 所示,在"动态效果"列表中选择"礼花绽放",单击"确定"完成文字效果的设置。

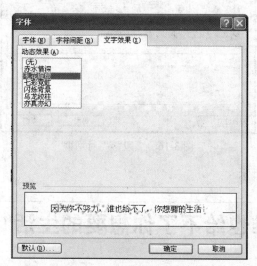

图 3-15 "文字效果"选项卡

(6)保存文档。

2. 设置段落格式

【示例 2】

打开"字符格式设置"文档,另存为"段落格式设置",保存在自己的文件夹中。然后进行如下的段落格式设置:

(1)将第一行(标题)设置为居中对齐、段间距的段前、段后各 1 行;

(2)将第二行设置为右对齐;

(3)其余段落均设置为首行缩进 2 字符,行间距为 1.5 倍行距。

实验过程与内容:

(1)将插入点置于第一行中,单击"格式"菜单→"段落"命令,打开"段落"对话框(如图 3-16 所示)。在"对齐方式"的下拉列表中选择"居中"。将"间距"中的"段前"和"段后"均设置为"1 行"。

(2)将插入点置于第二行中,在"段落"对话框中选择"对齐方式"为"右对齐"。或单击格式工具栏中的"右对齐"工具按钮。

(3)将其余段落全部选中,打开"段落"对话框,打开"特殊格式"的下拉列表,单击"首行缩进",在"度量值"中设置为"2 字符"(或直接输入"2 字符")。打开"行距"下拉列表,单击"1.5 倍行距"。

(4)在"段落"对话框中可随时通过"预览框"观查调整后的大致效果,设置结束后,单击"确定"按钮。

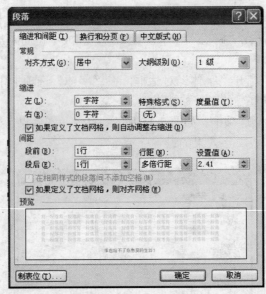

图 3-16   "段落"对话框

设置效果如图 3-17 所示。

谁也给不了你想要的生活！

（文摘）

"时间不欺人"，这是她教会我的道理！

一个二十几岁的人，你做的选择和接受的生活方式，将会决定你将来成为一个什么样的人！我们总该需要一次奋不顾身的努力，然后去到那个你心里魂牵梦绕的圣地，看看那里的风景，经历一次因为努力而获得圆满的时刻。

这个世界上不确定的因素太多，我们能做的就是独善其身，指天骂地的发泄一通后，还是继续该干嘛干嘛吧！

因为你不努力，谁也给不了，你想要的生活！

图 3-17   "段落格式设置"文档的设置效果

3. 设置分栏及首字下沉

【示例 3】

（1）在 Word 中录入如图 3-18 所示的内容（不包括外边框），并保存为"分栏及首字下沉练习.DOC"，保存位置为自己的文件夹。

（2）将"优秀的人很多……，有多少差别是不可逾越的呢？"这一段分为两栏，栏宽相等、加分隔线。

（3）将分栏这一段的第一个"优秀"设为首字下沉，下沉行数为 2 行。

优秀是一种习惯

（文摘）

　　优秀的人很多，我们都看得见。不客观的人，会说优秀的人与寻常人差距遥远，这之间的差距，大多是天生的。客观的人会分析，这些人优秀在哪里哪里，如何如何是自己的榜样，或者，如何如何的，不可超越。其实，细想想，优秀的人，与寻常的人，到底有多少差别呢？有多少差别是不可逾越的呢？

　　假如不说那些极少极少数极需要天分才能做好的事情，优秀的人与寻常人，最大的差别在这儿——细节的习惯，与习惯的细节。

图 3-18　"分栏及首字下沉练习.DOC"的文字样本

实验过程与内容：

（1）新建文档并保存为"分栏及首字下沉练习.DOC"，输入图 3-18 文字样本中的内容。

（2）设置"分栏"。

　　选择"优秀的人很多……，有多少差别是不可逾越的呢？"，单击"格式"菜单→"分栏"命令，打开"分栏"对话框。在"预设"中单击"两栏"，单击"栏宽相等"、单击"分隔线"（如图 3-19 所示）。在预览内可显示设置后的效果，单击"确定"按钮完成设置。

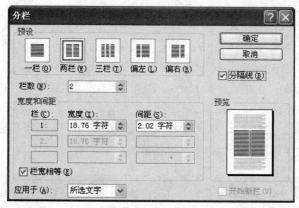

图 3-19　"分栏"对话框

（3）设置"首字下沉"。

　　选择字符"优秀"，单击"格式"菜单→"首字下沉"命令，打开"首字下沉"对话框（如图 3-20 所示），单击"下沉"，将"下沉行数"设置为"2"，单击"确定"按钮。设置效果如图 3-21 所示。

图 3-20　"首字下沉"对话框

优秀是一种习惯。

（文摘）

优秀的人很多，我们都看得见。不客观的人，会说优秀的人与寻常人差距遥远，这之间的差距，大多是天生的。客观的人会分析，这些人优秀在哪里哪里，如何如何是自己的榜样，或者，如何如何的，不可超越。其实，细想想，优秀的人，与寻常的人，到底有多少差别呢？有多少差别是不可逾越的呢？

假如不说那些极少极少数极需要天分才能做好的事情，优秀的人与寻常人，最大的差别在这儿——细节的习惯，与习惯的细节。

图 3-21　"分栏及首字下沉练习.DOC"的设置效果

4. 项目符号和编号的设置

【示例 4】

在 Word 中录入一些项目符号，并保存为"项目符号练习.DOC"及"项目编号练习.DOC"，保存位置为自己的文件夹。

要求：

（1）在"项目符号练习.DOC"中，将正文（第二行开始）加上项目符号。

（2）在"项目编号练习.DOC"中，将正文（第二行开始）加上项目编号。

实验过程与内容：

（1）新建文档并保存为"项目符号练习.DOC"，输入图 3-22 文字样本中的内容。

（2）设置项目符号。

- 选择第二行至最后一行，单击"格式"菜单→"项目符号和编号"命令，出现如图 3-22 所示的"项目符号和编号"对话框。

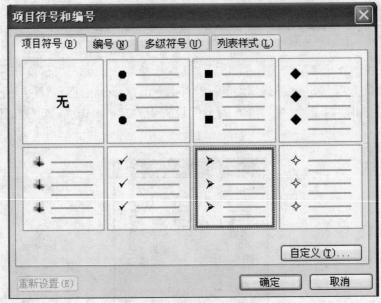

图 3-22　"项目符号和编号"对话框

- 在"项目符号和编号"对话框中，选择"项目符号"选项卡，单击一种符号样式，单击"确定"，完成设置。设置效果如图 3-23 所示。

图 3-23 "项目符号练习.DOC"的设置效果

（3）将文档"项目符号练习.DOC"，另存为"项目编号练习.DOC"。

（4）取消项目符号。

选择第二行至最后一行，单击"格式"菜单→"项目符号和编号"命令，打开"项目符号和编号"对话框中，"项目符号"选项卡中单击"无"。

（5）设置项目符号。

单击"编号"选项卡，单击一种编号样式，单击"确定"，完成设置。设置效果如图 3-24 所示。

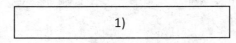

图 3-24 "项目编号练习.DOC"的设置效果

5. 插入表格、设置表格格式

【示例 5】

按要求制作如图 3-25 所示的课程表，命名为"表格练习.DOC"，并保存在自己的文件夹中。

要求：

- 创建表格，绘制斜线表头。
- 表格中的文字水平和垂直方向居中。
- 第一行、第一列的底纹为黄色，其他单元格的底纹颜色为天蓝色。
- 外边框及第一行、第一列的边框宽度为 2.25 磅，其他内部边框宽度为 0.5 磅。

	星期一		星期二		星期三		星期四	星期五
1-2 节	数学		体育		语文		英语	化学
3-4 节	语文		数学		英语		语文	物理
5-6 节	英语		语文		数学		物理	数学
7-8 节	化学		物理		化学		自习	
	理论	实验	理论	实验	理论	实验		

图 3-25 课程表样本

实验过程与内容：

（1）新建表格。

- 光标置于插入表格位置，单击"表格"菜单→"插入"→"表格"命令，打开"插入表格"对话框，如图3-26所示。

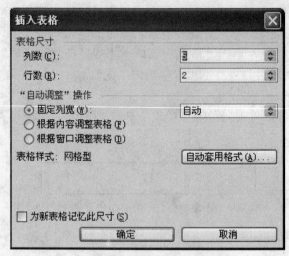

图 3-26 "插入表格"对话框

- 设置"表格尺寸"的"列数"为"6"、"行数"为"5"，单击"确定"按钮。

（2）设置表格中的文字水平和垂直方向居中。

- 光标置于表格内，单击"表格"菜单→"选择"→"表格"命令选定表格。
- 在表格区域内单击右键，在弹出的快捷菜单中单击"单元格对齐方式"的"中部居中"按钮，如图3-27所示。

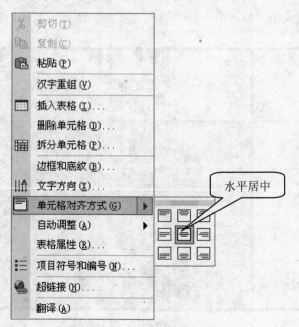

图 3-27 "单元格对齐方式"及其子菜单

（3）绘制斜线表头。

- 光标置于表格内，单击"表格"菜单→"绘制斜线表头"命令，打开"插入斜线表头"对话框，如图 3-28 所示。

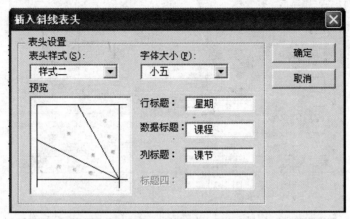

图 3-28 "插入斜线表头"对话框

- 打开"表头样式"下拉列表，单击"样式二"（在"预览"中显示该样式），在"行标题"文本框中输入"星期"、在"数据标题"文本框中输入"课程"、在"列标题"文本框中输入"课节"，单击"确定"按钮。

（4）合并单元格。

选定 5 行 5 列和 5 行 6 列的两个单元格，单击右键打开快捷菜单，单击"合并单元格"命令。

（5）拆分单元格。

- 光标置于 5 行 2 列的单元格内，单击右键打开快捷菜单，单击"拆分单元格"命令，打开"拆分单元格"对话框。
- 将"列数"设置为"1"、"行数"设置为"2"，单击"确定"按钮。
- 再将光标置于拆分后的第 2 行的单元格内，重复打开"拆分单元格"对话框的操作，"列数"、"行数"的设置采用默认值，单击"确定"按钮。
- 按以上步骤，将 5 行 3 列的单元格和 5 行 4 列的单元格拆分成相同的样式。

（6）在单元格内输入课程表的内容。

（7）设置表格边框及底纹。

- 选定表格，单击"格式"菜单→"边框和底纹"命令，打开"边框和底纹"对话框，如图 3-29 所示。
- 单击"边框"选项卡，单击"设置"项中的"全部"，打开"宽度"下拉列表，设置宽度为"2.25 磅"。
- 在"预览"内单击内部水平线按钮 及内部垂直线按钮 ，取消内部的水平线和垂直线。
- 重新设置线的"宽度"为"0.5 磅"，再次单击"预览"内的按钮 及 ，设置内部框线。
- 单击"底纹"选项卡（如图 3-30 所示），单击"填充"项中的"天蓝"颜色，单击"确定"按钮。

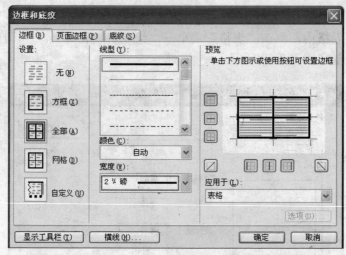

图 3-29　"边框"选项卡

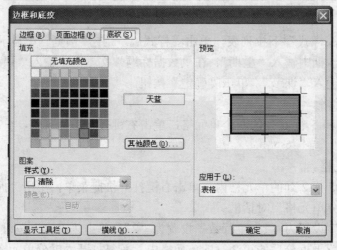

图 3-30　"底纹"选项卡

- 选中第 1 列，重复打开"边框和底纹"对话框的操作，设置线的"宽度"为"2.25 磅"。
- 单击"预览"内的按钮▦，重新设置框线，重复设置"底纹"的操作，将颜色设为"黄色"。第 1 行的操作与之相似。

6. 文本转换为表格

【示例6】

新建 Word 文档，保存为"文本转换为表格.DOC"，保存位置为自己的文件夹。

实验过程与内容：

（1）输入以下文本，注意文本间的","分隔符为半角符号。

姓名,数学,语文,外语

王光,95,88,99

石佳,96,88,90

郑大,90,93,89

（2）选定要进行转换的文本。

（3）单击"表格"菜单→"转换"命令，屏幕出现"转换"子菜单，再选择"将文字转换成表格"命令，显示出"将文字转换成表格"对话框。如图 3-31 所示。

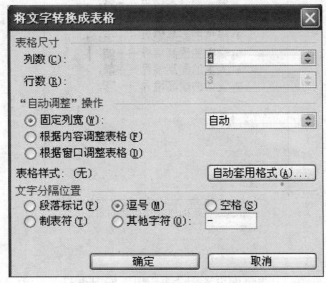

图 3-31 "文字转换成表格"对话框

（4）在对话框的"列数"框中，选择或输入表格的列数，例如输入"4"。列宽选择"自动"，在"文字分隔位置"框中，选择"逗号"。

（5）单击"确定"按钮，关闭对话框。

操作提示：

- 把文本转换为表格更简捷的方法是，选定要转换的文本后，直接按"常用"工具栏上的"插入表格"，这时，所形成表格的行数、列数、列宽都采用"自动"设置。
- Word 中也可以将表格内容转换为文本。

7. 页面格式的排版

【示例 7】

在 Word 中打开"项目编号练习.DOC"，另存为"页面格式练习.DOC"及，保存位置为自己的文件夹，然后按要求进行如下的操作，实现如图 3-32 所示的设置效果。

要求：

（1）设置页面格式。

- 设置页边距：上、下、左、右页边距分别为：2 厘米、2 厘米、2.5 厘米、2 厘米；
- 方向方向：纵向。
- 设置纸张：自定义大小（宽度：10 厘米、高度：10 厘米）。

（2）设置页眉和页脚。

- 页眉的设置：输入"页面格式练习"、右对齐。
- 页脚的设置：输入系统的日期时间、居中对齐。

（3）页码的插入。

将页码插入到文档的页面底端、右对齐、首行显示页码。

图 3-32　页面格式排版后的效果

实验过程与内容：

（1）设置页面格式。

- 单击"文件"菜单→"页面设置"命令，出现如图 3-33 所示的"页面设置"对话框。

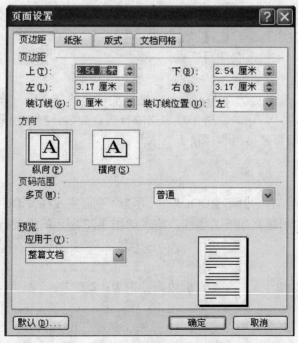

图 3-33　"页面设置"对话框

- 在"页面设置"对话框中，设置上、下、左、右页边距。选择"纵向"。

（2）设置页眉和页脚。

- 单击"视图"菜单→"页眉和页脚"命令，进入"页眉"编辑状态，同时弹出"页眉和页脚"工具栏。

- 输入页眉内容，设置右对齐。
- 单击"页眉和页脚"工具栏中"在页眉和页脚间切换"按钮（如图 3-34 所示），进入"页脚"编辑区。

在页眉和页脚间切换

图 3-34 "页眉和页脚"工具栏及"在页眉和页脚间切换"按钮

- 在"页脚"插入系统的日期和时间。单击"插入"菜单→"日期和时间"命令，打开"日期和时间"对话框，如图 3-35 所示。选择一种日期格式单击"确定"按钮。

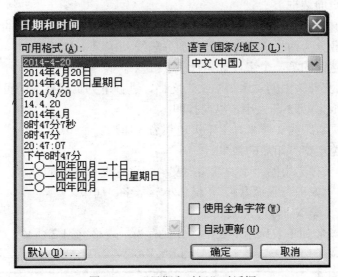

图 3-35 "日期和时间"对话框

（3）插入页码

单击"插入"菜单→"页码"命令，出现如图 3-36 所示的"页码"对话框。在"位置"列表中选择"页面底端"，"对齐方式"选择"右侧"，选择"首页显示页码"。

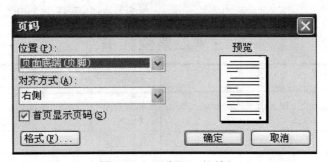

图 3-36 "页码"对话框

四、实验练习及要求

1. 打开自己的文件夹中的"水调歌头"文档，进行字符格式的设置：

- 将标题设置为：楷书、三号字。
- 将副标题设置为：隶书、五号字、倾斜。
- 将正文设置为：楷体、四号字。

2．打开自己的文件夹中的"水调歌头"文档，进行段落格式的设置：

- 将标题设置为居中对齐格式，段前、段后设置 1 行间隔。
- 将副标题设置为右对齐方式，并且加波浪线下划线。
- 调整正文的左缩进和右缩进，使得每行显示大约 28 个汉字。
- 将正文首行缩进二个汉字，行间距调整为 2 倍行距。

3．打开自己的文件夹中的"水调歌头"文档，进行边框和底纹格式的设置：

- 将副标题添加边框，并且底纹设置为灰色。
- 添加一个页面边框。

4．打开自己的文件夹中的"水调歌头"文档，进行分栏和首字下沉的设置：

- 将正文部分分为两栏，栏宽相等，加分隔线。
- 将每一自然段的第一个字设置为首字下沉，宋体、下沉 2 行。

5．打开自己的文件夹中的"水调歌头"文档，进行下列页面格式的设置：

- 设置打印纸为：32 开大小，纵向打印。
- 设置左右页边距为 2 厘米，上下页边距为 3 厘米。
- 用打印预览观察打印后的效果。

6．打开自己的文件夹中的"水调歌头"文档，进行页眉页脚的设置：

- 设置页眉："宋词—水调歌头"，楷体小五号字，居中。
- 设置页脚："第 X 页 共 X 页"。

7．在 Word 中绘制如下表所示的表格，并保存为：表格练习 2.DOC。

8．在 Word 中绘制如下表所示的表格，并保存为：汇票委托书.DOC。

● 汇票委托书　　　　　　　年　　月　　日

汇款人		收款人						
账号		账号						
住址		住址						
兑付地点	省　　　　市	汇款用途						
汇款金额 人民币		万	仟	佰	拾	元	角	分

9．在 Word 中绘制如下表所示的表格，并保存为：招聘登记表.DOC。

● 招聘登记表

姓名		民族		照片
出生日期		政治面貌		
英语程度		联系电话		
就业意向				
E-mail 地址				
通信地址				

有何特长	
奖励或处分情况	

简历	时间	所在单位	职务

学院推荐意见：
（盖章） 年　月　日

学校就业办意见	（盖章） 年　月　日	用人单位意见	（盖章） 年　月　日

第三项　Word 文档的图文混排

一、实验目的

1．掌握引用类图片：剪贴画、磁盘中的图片、艺术字等的插入方法。
2．掌握文本框的使用方法。
3．掌握图片的排版方法。
4．掌握自选图形的绘制方法。
5．掌握输入数学公式的方法。
6．掌握图片与文字的混合排版。
7．掌握 Word 中常用的目录生成方法。

二、实验准备

1. 用来插入目录的 Word 文本
2. 用来链接的文本

三、实验演示

1. 美化文档

【示例1】

按要求在 Word 文档中输入如图 3-37 所示的内容（不包括外边框），命名为"图文混排练习.DOC"，并保存在自己的文件夹中。

要求：

- 标题使用艺术字。
- 插入数学公式。
- 插入图片，设置图片格式为衬于文字下方，水印效果。
- 插入云形标注。

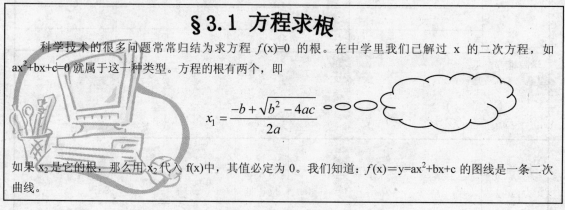

§3.1 方程求根

科学技术的很多问题常常归结为求方程 $f(x)=0$ 的根。在中学里我们已解过 x 的二次方程，如 $ax^2+bx+c=0$ 就属于这一种类型。方程的根有两个，即

$$x_1 = \frac{-b+\sqrt{b^2-4ac}}{2a}$$

如果 x_2 是它的根，那么用 x_2 代入 f(x)中，其值必定为 0。我们知道：$f(x)=y=ax^2+bx+c$ 的图线是一条二次曲线。

图 3-37　示例 1 的样本

实验过程与内容：

（1）新建文档并保存为"图文混排练习.DOC"，输入图 3-37 文字样本中的一般文本内容。

（2）按照插入"特殊符号"的操作方法插入符号"§"。

（3）设置 x^2 中的 2 为上标。

选择数字 2，单击"格式"菜单→"字体"命令，在弹出的"字体"对话框中单击"上标"复选框，单击"确定"结束输入。

（4）插入艺术字。

- 确定插入点，单击"插入"→"图片"→"艺术字"命令，打开"艺术字库"对话框，单击一种样式，再单击"确定"按钮。
- 打开"编辑艺术字文字"对话框，输入文字（如样本中的第一行），设置字体、字号、字形，单击"确定"按钮。

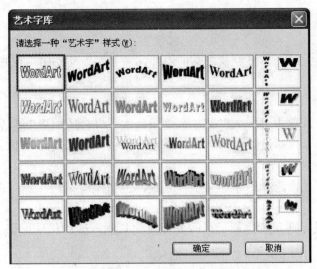

图 3-38 "艺术字库"对话框

（5）插入数学公式。

- 确定插入点，单击"插入"菜单→"对象"命令，打开"对象"对话框（如图 3-39 所示），单击"新建"选项卡，在"对象类型"列表框中单击选择"Microsoft 公式 3.0"，打开"公式"工具栏（如图 3-40 所示），进入公式编辑状态。

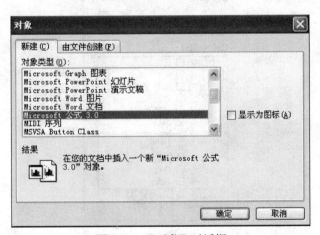

图 3-39 "对象"对话框

- 输入 x1 中的下标 1 和 b2 的上标 2 时，要单击"上标和下标模板"中的对应按钮 和 。

- 输入求根公式 $\dfrac{-b+\sqrt{b^2-4ac}}{2a}$ 时，需要先单击"分式和根式模板"中的"分式"，选择分式样式，然后分别在分子、分母中输入不同的表达式。其中，输入"根式"时，也要选择"分式和根式模板"，再单击"根式"按钮，选择开平方的样式，输入内容。

图 3-40 "公式"工具栏

- 编辑结束后在编辑框外空白处单击鼠标。

操作提示：

"Microsoft 公式 3.0"不是默认安装的组件，需要在安装 Office 时选择"自定义安装"，然后选择该组件。

（6）插入标注。

- 确定插入点，单击"插入"菜单→"图片"→"自选图形"命令，打开"自选图形"工具栏，单击"标注"中的"云形标注"按钮（光标变为"十"字形），拖动鼠标插入标注。
- 右键单击标注，选择"添加文字"，输入文字内容。

操作提示：

选定标注，用鼠标拖动黄色标记可改变标注的角度。拖动移动标记（十字交叉的双向箭头）可移动标注。

（7）插入剪贴画。

- 确定插入点，单击"插入"菜单→"图片"→"剪贴画"命令，打开"插入剪贴画"任务窗格，在"搜索范围"列表框中选择"科技"、"科学"等分类，如图 3-41 所示。

图 3-41 "剪贴画"任务窗格

- 单击"搜索"，图片列表框中显示搜索结果。
- 在"图片"列表框中，双击一个剪贴画，如"计算机"，即可完成插入操作。

（8）设置图片格式。

- 双击剪贴画图片，打开"设置图片格式"对话框，单击"版式"中的"衬于文字下方"，如图 3-42 所示。
- 单击"图片"选项卡，打开"图像控制"中的颜色列表框（如图 3-43 所示），单击"水印"，再单击"确定"按钮。

图 3-42   "设置图片格式"对话框的"版式"选项卡

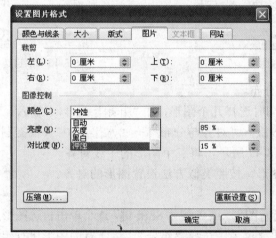

图 3-43   "设置图片格式"对话框的"图片"选项卡

操作提示：

插入文件中的图片，可单击"图片"中的"来自文件"完成。

2. 插入自选图形

【示例 2】

在 Word 中利用自选图形绘制如图 3-44 所示的流程图，命名为"流程图练习.DOC"，并保存在自己的文件夹中。

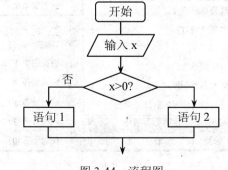

图 3-44   流程图

实验过程与内容：

（1）选择"插入"菜单中的"图片→自选图形"命令，将出现如图 3-45 所示的"自选图形"工具栏。

（2）单击工具栏中的"流程图"，打开流程图的工具按钮模板，如图 3-46 所示。选择相应的工具进行图形的绘制。

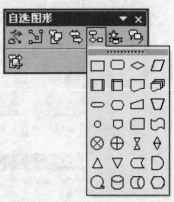

图 3-45　"自选图形"工具栏　　　　　图 3-46　"自选图形"工具栏

（3）图形的对齐与分布。

- 按住 Shift 键，同时选择几个图形，如"开始"图形、"输入 x"、"x>0?"的三个图形，单击"绘图"按钮→"对齐与分布"→"水平居中"（根据图形位置，选择相应的对齐方式），如图 3-47 所示，将三个图形的中线对齐。
- 选择其他若干图形，按照类似方法设置图形的对齐。

（4）组合图形。

- 拖动鼠标选定所有图形，或者按住 Shift 键，逐个单击自选图形，也可以选定所有图形。
- 右击鼠标，从快捷菜单中选择"组合"，将所有的图形进行组合，成为一个图片。

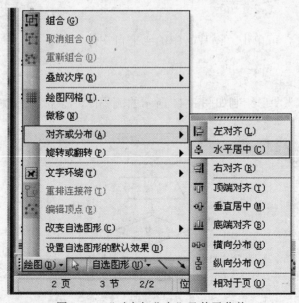

图 3-47　"对齐与分布"及其子菜单

3．自动生成目录

【**示例 3**】

新建 Word 文档，录入如图 3-48 所示的内容（不包括外边框），并保存为"目录练习.DOC"，保存位置为自己的文件夹。

第 1 章 C 语言概述及 C 程序的实现

1.1 基本知识点

一个 C 源程序文件是由一个或若干个函数组成的。在这些函数中有且只有一个是主函数 main（），主函数由系统提供。各个函数在程序中所处的位置并不是固定的。

一个 C 源程序文件是一个编译单位，即以源文件为单位进行编译，而不是以函数为单位进行编译。

1.1.1 C 程序的组成、main( )函数

1.1.2 标识符的使用

C 语言中所有数据都是以常量、变量、函数和表达式的形式出现在程序中的，在程序中，要用到很多名字。其中，用来标识符号常量名、变量名、函数名、数组名以及类型名等有效字符序列称为标识符。

1.1.3 C 程序的上机过程

1.2 例题分析

例 1.5 以下（ ）不是合法标识符。

A. Float   B. unsigned   C. intege   D. Char

相关知识：C 语言的标识符。

1.3 习题及答案

第 2 章 数据类型、运算符与表达式

2.1 基本知识点

2.1.1 基本数据类型及其定义

2.1.2 常量

常量：在程序运行过程中，其值不变的量，叫常量。常量分为普通常量和符号常量(用#difine 定义)两种。

常量的类型分为：整型、实型（单精度型、双精度型）、字符型和字符串常量。

2.1.3 变量

2.2 例题分析

第 3 章 C 语言程序设计及编译预处理

3.1 基本知识点

3.1.1 简单程序设计

简单程序设计又称为顺序结构程序设计，是程序设计的最基本的结构，其设计很简单。在这部分内容中，主要涉及到的内容有：① 利用计算机求解实际问题的过程，② 算法及表示方法。

3.1.2 选择结构程序设计

3.1.3 循环结构程序设计

3.1.4 编译预处理

3.2 例题分析

图 3-48 "目录练习.DOC"的文字样本

操作提示：

用来插入目录的文本应该是按照一定的样式排版后的文本。

实验过程与内容：

（1）新建 Word 文档，保存为"目录练习.DOC"，输入如图 3-48 所示的内容（这是一个文稿的几个章节的部分截选）。

（2）按样式设置格式（使用"格式→样式"菜单）。

● 将所有"章"的格式设置为："标题 1"样式。

● 将所有"节"的格式设置为："标题 2"样式。

● 将所有"小节"的格式设置为："标题 3"样式。

（3）文稿按照统一的格式排好版后，选择好要生成目录的地点，即光标所在地点将会生成目录。

（4）单击"插入"菜单→"引用"→"索引和目录"命令（如图 3-49 所示），在"索引和目录"对话框中选择"目录"选项卡（如图 3-50 所示）。

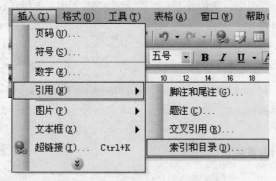

图 3-49   选择"索引和目录"命令

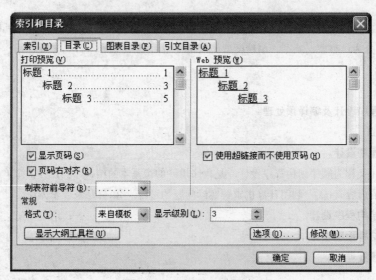

图 3-50   "目录"选项卡

（5）在"目录"选项卡中，设置目录的"显示级别"，如图 3-50 所示。单击"确定"按钮后，生成目录，如图 3-51 所示。

第1章　C语言概述及 C 程序的实现 1
　1.1　基本知识点 1
　　1.1.1　C程序的组成、main( )函数 1
　　1.1.2　标识符的使用 1
　　1.1.3　C程序的上机过程 2
　1.2　例题分析 2
　1.3　习题及答案 2
第2章　数据类型、运算符与表达式 2
　2.1　基本知识点 2
　　2.1.1　基本数据类型及其定义 2
　　2.1.2　常量 2
　　2.1.3　变量 2
　2.2　例题分析 2
第3章　C语言程序设计及编译预处理 2
　3.1　基本知识点 2
　　3.1.1　简单程序设计 2
　　3.1.2　选择结构程序设计 3
　　3.1.3　循环结构程序设计 3
　　3.1.4　编译预处理 3
　3.2　例题分析 3

图 3-51　自动生成的目录

4. 文本链接

【示例4】

打开"目录练习.DOC"Word 文档，另存为"文本链接练习.DOC"，保存位置为自己的文件夹。

要求：

- 在"1.1.3 C 程序的上机过程"后插入书签，书签名为"上机过程"。
- 对"1.1.1 C 程序的组成、main( )函数"中的"C 程序"建立超链接，并链接到书签"上机过程"。

实验过程与内容：

（1）插入书签。

将插入点置于"1.1.3 C 程序的上机过程"后，单击"插入"菜单→"书签"命令，打开"书签"对话框。

在"书签名"文本框中输入"上机过程"，如图 3-52 所示，单击"添加"按钮，完成操作。

图 3-52　"书签"对话框

（2）建立超链接。

- 选择"1.1.1 C 程序的组成、main( )函数"中的"C 程序"，单击右键，选择"超链接"（如图 3-53 所示），打开"插入超链接"对话框。

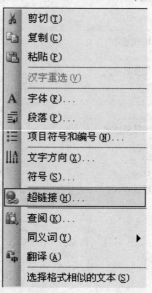

图 3-53　弹出菜单的"超链接"命令

- 单击"本文档中的位置"，选择书签"上机过程"，如图 3-54 所示。单击"确定"，结束操作。

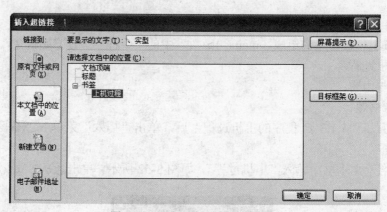

图 3-54　"插入超链接"对话框

（3）应用超链接。

- 插入点置于文档末尾。
- 按住 Ctrl 键，同时单击"1.1.1 C 程序的组成、main( )函数"中的"C 程序"。
- 观察插入点自动置于"1.1.3 C 程序的上机过程"后，即书签所在的位置。

四、实验练习及要求

1. 打开自己的文件夹中的"水调歌头"文档，插入一幅图片，并设置图片格式为水印（冲蚀）、衬于文字下方。

2．打开自己的文件夹中的"水调歌头"文档，在正文的右下角添加一个文本框，输入"诗词欣赏"四个字，要求横排、隶书、小三号字，且用绿色做底纹。

3．打开自己的文件夹中的"水调歌头"文档，给文档添加一幅艺术字，内容为"文学宝库"，字符的格式为隶书、加粗、36 号字。

4．在 Word 中制作如图 3-55 所示的版面，并以"综合练习"文件名存放在自己的文件夹中。

图 3-55　"综合练习"样本

5．新建一个文档，输入以下数学公式：

$$\sqrt[3]{\frac{a^2+b}{c-d}}$$

$$\int_{L}(x^2+y)\mathrm{d}s + \sum_{i=1}^{10}(a_i^3+b_i^2)$$

6．目录制作要求。

- 建立一个 Word 文档。
- 在该文档中输入 3 页以上的文字内容，并按照 Word 提供的"样式"格式进行排版，要求文档内容要分三级标题相同的文本对齐关系。
- 利用 Word 自动生成目录。

7．文本链接操作。

- 在文本中建立文本范围内的链接。
- 建立与其他文件之间的链接。

五、Word 综合大作业

1．选题：

根据自己的喜好自拟一个感兴趣的题目，或从下列参考题目中任选其一，有创意地完成一篇 3~5 页的有思想性和艺术性的 Word 文档。

主要参考题目有：

- 产品说明
- 产品广告
- 某企业的宣传报道
- 新闻

- 个人简历
- 自荐信

2．要求：

- 将你所在的班级、学号和姓名写在页眉处。
- 在页脚中设置页码和总页数。
- 在文档中要有如下设置：
  - ➤ 分栏、首字下沉、首行缩进。
  - ➤ 插入一个与文档的中心思想相呼应的表格（自己进行边框和底纹的设置）、艺术字、图片（图片有各种版式、水印等效果）、文本框、自选图形。
  - ➤ 设置段落格式：行距、段前和段后间距、项目符号和编号等。
  - ➤ 设置字符格式：字体、字号、字形、字符边框和底纹、字符加下划线、字符位置、字符间距、字符缩放、字符效果、上标、下标、文字方向等。
  - ➤ 设置页面边框。
- 进行页面设置：
  - ➤ 纸型：B5 纸。
  - ➤ 上、下、左、右页面边距分别是：2 厘米、2.5 厘米、2 厘米、2 厘米。
- 保存文档的文件名为：班级学号姓名.doc。
- 对文档进行预览并打印。

六、实验思考

1．利用 Word 自动生成目录时，在文档格式设置中应注意什么？

2．修改文本时，若输入新文本后就会删除插入点处的原有文本，这是什么原因造成的？如何处理？

第四章　电子表格 Excel

本章实验的基本要求：

- 掌握 Excel 工作簿及工作表的基本操作。
- 掌握设置工作表的格式。
- 掌握快速的数据录入方法。
- 熟练地利用公式进行计算。
- 掌握常用的函数。
- 掌握数据的管理与分析。

第一项　Excel 的基本操作

一、实验目的

1. 掌握 Excel 电子表格的基本概念。
2. 熟练掌握工作簿的新建、打开、保存、另存为、关闭等操作。
3. 熟练掌握工作表的新建、复制、移动、删除、重命名等操作。
4. 熟练掌握快速输入数据的方法。
5. 熟练掌握设定单元格的格式及 Excel 工作表的美化（格式化）方法。

二、实验准备

1. 理解 Excel 的基本概念：单元格、工作表、工作簿、填充柄。
2. 熟悉 Excel 的窗口组成及基本操作，并与 Word 相对比，体会二者的异同点。
3. 在某个磁盘（如 D:\）下创建自己的文件夹，名为"姓名_电子表格"。

三、实验演示

操作提示：

在 Excel 中有很多操作方法与 Word 的操作方法很相似，比如 Excel 的启动、退出；新建文件、打开文件、保存文件；在编辑工作表时，查找数据、复制和粘贴数据的菜单、工具按钮及快捷键的使用等。

1. 工作簿的基本操作

【示例 1】

创建 Excel 文档工作簿，命名为"销售统计簿"，保存到自己的文件夹中。

要求：

- 在工作簿中创建 4 个工作表，分别命名为"冰箱销售表"、彩电销售表"、"洗衣机销售表"和"VCD 销售表"。

- 在"冰箱销售表"工作表中输入如图 4-1 所示的数据内容。

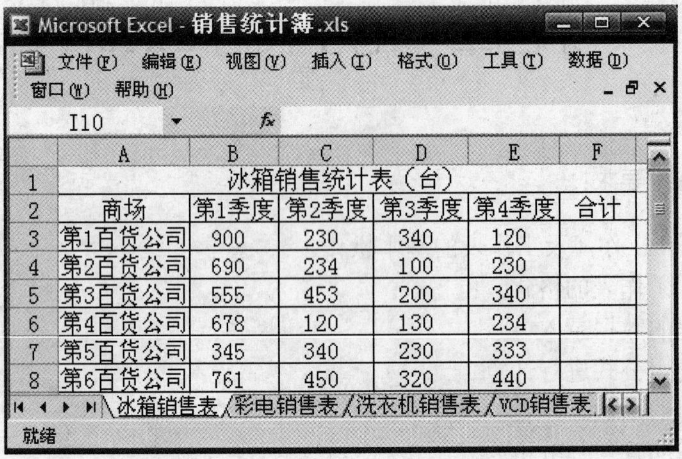

图 4-1　"冰箱销售表"工作表样本

- 将"冰箱销售表"工作表复制为"冰箱销售表备份"。

实验过程与内容：

（1）新建 Excel 工作簿。

启动 Excel，系统自动创建一个名为"book1"的新工作簿，一般默认包含 3 个工作表，默认名分别为 Sheet1、Sheet2、Sheet3。

（2）重命名工作表。

可以用三种方法完成重命名工作表操作。

- 双击 Sheet1 工作表标签，输入"冰箱销售表"。
- 用鼠标右击 Sheet2 工作表标签，在弹出的快捷菜单中单击"重命名"命令，输入"彩电销售表"。
- 单击 Sheet3 工作表标签，选中 Sheet3 表，单击"格式"→"工作表"→"重命名"命令，输入"洗衣机销售表"。

（3）插入新工作表。

单击"插入"菜单→"工作表"命令，插入新工作表，并为新工作表重命名为"VCD 销售表"。

（4）输入如图 4-1 所示的工作表数据。

（5）将"冰箱销售表"中的数据复制到"彩电销售表"中。

- 单击"冰箱销售表"编辑区域左上角的"全选"按钮▭，选中工作表，单击常用工具栏上的"复制"按钮▤（或按 Ctrl+C 组合键）。
- 单击"彩电销售表"标签，然后再单击常用工具栏上的"粘贴"按钮▤（或按 Ctrl+V 组合键）。
- 在 A1 单元格中双击鼠标，选中"冰箱"修改为"彩电"，即可完成"彩电销售表"的制作。
- 用类似的操作方法编辑"洗衣机销售表"和"VCD 销售表"。

（6）复制工作表。

- 右击"冰箱销售表"标签，在快捷菜单中选择"移动或复制工作表"，在"移动或复制工作表"对话框中选择"建立副本",确定新工作表的位置,如图 4-2 所示,单击"确定"按钮。

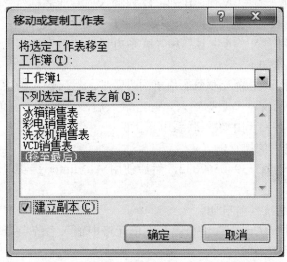

图 4-2　"移动或复制工作表"对话框

- 工作表标签中增加了一个名为"冰箱销售表（2）"的工作表,将其重命名为"冰箱销售表备份"。

（7）保存工作簿。

2. 输入不同类型数据

【示例 2】

- 创建一个工作簿,命名为"新生报到登记簿.xls"。该工作簿包含 4 张工作表:"信息学院登记表"、"工商学院登记表"、"机械学院登记表"、"各学院数据汇总表"。
- 按照图 4-3 所示输入"信息学院登记表"的内容。其他学院的数据学生自己填写。

图 4-3　"新生报到登记簿"中的"信息学院登记表"

实验过程与内容：

（1）创建工作簿及其工作表，重命名工作表。

（2）分别在表格第一行和 A 列、B 列、D 列输入"专业名称"、"姓名"、"生源地"等文本类型数据，在 E 列输入"年龄"的数值型数据；F 列输入"是否团员"的逻辑型数据。

（3）在 C 列、G 列输入"考生号"和"联系电话"的数字数据。但是，需要将数字数据作为文本数据输入，操作如下。

- 单击 C2 单元格，先输入一个半角单引号"'"，然后输入考生号数字，则输入的考生号数字就被作为文本型数据输入。确定输入后，单元格左上角出现绿色三角形标记。
- 按类似的操作在 G 列中输入联系电话。

（4）在 G9 单元格内的换行输入。

在 G9 单元格中先输入 13940567832，然后使用 Alt+Enter 键实现单元格内换行，再输入 88443322。

（5）在 H 列输入系统当前日期。

单击 H2 单元格，按"Ctrl+；"组合键，在单元格中输入系统当前日期。

（6）在 I 列输入系统当前时间。

单击 I2 单元格，按"Ctrl+Shift+；"组合键，在单元格中输入系统当前时间。

（7）保存"新生报到登记簿"。

3．利用填充柄快速填充数据

【示例3】

新建一个工作簿，命名为"快速填充数据"，按照图 4-4 所示输入"初始数据"表中的数据。然后使用填充柄快速填充各列其他内容，如图 4-5 所示。

	A	B	C	D	E	F	G	H	I	J	K	L	M	N	O
1	1	1	2	2	2013-1-1		北京	007	第10章		甲	Jan	星期一		数学
2			6												
3															
4															

◀ ◀ ▶ ▶ ＼初始数据／使用填充柄快速填充数据结果／课程表／◀

图 4-4　"初始数据"工作表的内容

	A	B	C	D	E	F	G	H	I	J	K	L	M	N	O
1	1	1	2	2	2013-1-1		北京	007	第10章		甲	Jan	星期一		数学
2	1	2	6	4	2013-1-2		北京	008	第11章		乙	Feb	星期二		物理
3	1	3	10	8	2013-1-3		北京	009	第12章		丙	Mar	星期三		化学
4	1	4	14	16	2013-1-4		北京	010	第13章		丁	Apr	星期四		生物
5	1	5	18	32	2013-1-5		北京	011	第14章		戊	May	星期五		地理
6	1	6	22	64	2013-1-6		北京	012	第15章		己	Jun	星期六		政治
7	1	7	26	128	2013-1-7		北京	013	第16章		庚	Jul	星期日		数学
8	1	8	30	256	2013-1-8		北京	014	第17章		辛	Aug	星期一		物理
9	1	9	34	512	2013-1-9		北京	015	第18章		壬	Sep	星期二		化学
10	1	10	38	1024	2013-1-10		北京	016	第19章		癸	Oct	星期三		生物
11	1	11	42	2048	2013-1-11		北京	017	第20章		甲	Nov	星期四		地理
12	1	12	46	4096	2013-1-12		北京	018	第21章		乙	Dec	星期五		政治
13	1	13	50	8192	2013-1-13		北京	019	第22章		丙	Jan	星期六		数学
14	1	14	54	16384	2013-1-14		北京	020	第23章		丁	Feb	星期日		物理
15	1	15	58	32768	2013-1-15		北京	021	第24章		戊	Mar	星期一		化学
	数值类型的数据					文本类型的数据				文本类型的数据					
										系统默认自定义序列			用户自定义序列		

图 4-5　"使用填充柄快速填充数据结果"工作表的内容

实验过程与内容:

操作提示:

利用填充柄快速填充数据时,首先选中某单元格或区域,将鼠标指针移动到单元格或区域的右下角,当鼠标指针由空心"➕"形状变成实心"➕"形状时拖拽鼠标。此时的"➕"称为填充柄。

通过下面的操作,要理解不同的初始数据,拖拽填充柄会得到不同的结果。

(1)新建 Excel 工作簿,命名为"快速填充数据"。按照图 4-4 所示输入"初始数据"表中的数据。

(2)在 A 列复制数值型数据。选中 A1 单元格,拖拽填充柄到 A15,松开鼠标得到一列数字"1"。

(3)在 B 列填充数值型数据的递增序列。选中 B1 单元格,拖拽填充柄到 B15 的同时按住 Ctrl 键,然后松开鼠标,松开 Ctrl 键,得到从 1 开始的增值序列:1、2、3、……、15。

(4)在 C 列填充数值型数据的等差序列。选中 C1:C2 区域,拖拽填充柄到 C15,松开鼠标,得到按 C2 与 C1 单元格的值之差为等差的等差数列:2、6、10、14、……。

(5)在 D 列使用"自动填充序列"的方法填充等比数列。

- 选中区域 D1:D15,单击"编辑"菜单→"填充"→"序列"命令,打开"序列"对话框。

- 在"序列"对话框中按图 4-6 所示进行设置。"序列产生在"设置为"列";"类型"为"等比序列";"步长值"为"2",单击"确定"按钮,则区域 D1:D15 中填充以 2 为比值的等比序列:2、4、8、16、……。

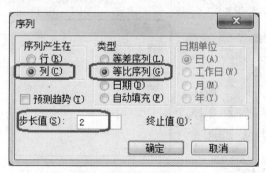

图 4-6 在"序列"对话框中的设置步长为 2 的等比序列

(6)在 E 列填充按"日"递增的日期型数据序列。选中 E1 单元格,拖拽填充柄到 E15,松开鼠标即可。

(7)在 G 列数据复制文本型数据。选中 G1 单元格,拖拽填充柄到 G15,松开鼠标。

(8)在 H 列和 I 列填充包含数字的文本型数据的递增序列。选中起始单元格 H1 或 I1,拖拽填充柄向下到 H15 或 I15 单元格,松开鼠标完成填充。

(9)在 K 列、L 列和 M 列填充系统默认的自定义序列,选中区域 K1:M1,拖拽填充柄到 15 行,松开鼠标。

操作提示:

查看系统默认自定义系列方法:选择"工具"菜单→"选项"命令,选择"自定义序列"选项卡,如图 4-7 所示。

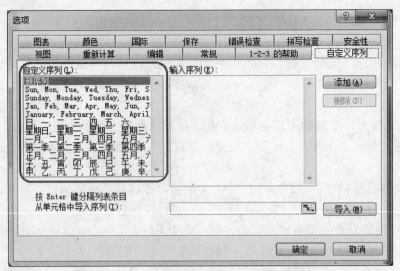

图 4-7　"选项"对话框的"自定义序列"选项卡

（10）设置用户自定义序列，填充 O 列内容。

- 设置用户自定义序列：单击"工具"菜单→"选项"，选择"自定义序列"选项卡，在"自定义序列"列表框中选择"新序列"，在"输入序列"列表框中输入用户要定义序列的内容，单击"添加"按钮即可完成用户自定义序列，如图 4-8 所示。

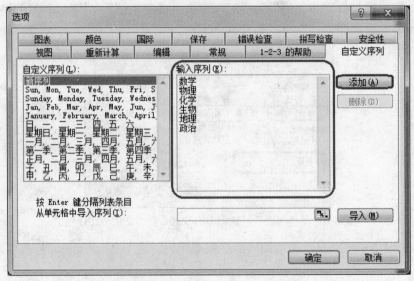

图 4-8　"选项"对话框的"用户自定义序列"操作

- 选中 O1 单元格，拖拽填充柄到 15 行，松开鼠标，完成自定义序列内容的填充。

4．在多个不相邻单元格中输入相同的数据

【示例 4】

在"快速填充数据"工作簿中，新建一个工作表，命名为"课程表"，如图 4-9 所示。表格内容填充要求如下：

- 第一列 A2:A7 和第一行 B1:F1 使用填充柄填充。
- 课程内容使用"多个不相邻单元格中输入相同的数据"的方法填充。

	A	B	C	D	E	F
1		星期一	星期二	星期三	星期四	星期五
2	第1节	数学	英语	自然	数学	语文
3	第2节	语文	数学	英语	语文	英语
4	第3节	美术	语文	数学	英语	数学
5	第4节	书法	自然	语文	自习	音乐
6	第5节	自习	自习	体育	体育	自习
7	第6节	英语	体育	自习	自习	卫生

图 4-9　"课程表"样本

实验过程与内容：

（1）打开"快速填充数据"工作簿，新建一个工作表，命名为"课程表"。

（2）在 A2 中输入第 1 节，使用填充柄填充 A3:A7 的内容。

操作提示：

"第 1 节"中的序数"1"不能写成"一"，否则使用填充柄为复制操作，不能产生序列。

（3）在 B1 中输入星期一，使用填充柄填充 C1:F1 的内容。

（4）使用"多个不相邻单元格中输入相同的数据"的方法填充"数学"课程。

- 按住 Ctrl 键，依次单击选中 B2、C3、D4、E2、F4 单元格。
- 输入"数学"，再按组合键 Ctrl+Enter，那么在选中的单元格中同时出现"数学"。如图 4-10 所示。

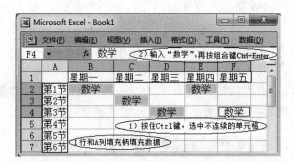

图 4-10　制作"课程表"，多个单元格输入相同的数据

（5）使用与（4）类似的操作输入其他课程。

请同学们用上述快速输入数据的方法完成"课程表"的设计，保存后关闭工作簿。

5. 设置工作表的格式

【示例 5】

创建一个工作簿，命名为"格式化工作表.xls"。输入如图 4-11 所示的工作表内容（可适当扩充）。

图 4-11　"教材销售"工作表初表

按如下要求进行格式化：

- 表标题采用隶书、18 磅；在"育才教材发行中心"之后换行；将标题在表格上方居中。
- 将表头（第 2 行的日期、教材、地区、销售额）采用浅黄色底纹、并用图案 6.25%灰色显示。
- 表格外部边框设置为蓝色双线样式；内框线设置为绿色细实线样式。
- "日期"列数据采用全汉字格式。
- "销售额"采用货币格式。
- 表格中的数据全部水平居中且垂直居中。
- 使用条件格式设置"英语课本"红色显示，"北京"地区绿色显示。
- 设置表格的行高为 20，适当调整各列宽度。

实验过程与内容：

（1）新建工作簿，完成"教材销售"表的数据输入。

（2）设置表标题格式。

- 设置表标题居中：选中 A1:D1，单击"合并及居中 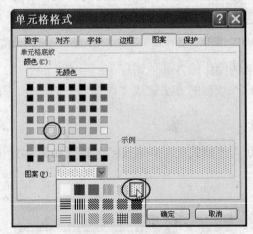"按钮，合并 A1:D1 区域，并将标题居中显示。
- 设置换行：将光标放置在"育才教材发行中心"之后，按 Alt+Enter 组合键，将标题换行显示
- 单击合并后的 A1 单元格，选择字体和字号。

（3）设置表头的底纹及图案。

选中 A2:D2 区域，单击"格式"菜单→"单元格"命令，打开"单元格格式"对话框，选择"图案"选项卡，按照图 4-12 所示选择填充颜色和底纹图案。

图 4-12 "图案"选项卡设置单元格的底纹

（4）设置表格边框。

- 选中 A2:D18 区域，打开"单元格格式"对话框，单击"边框"选项卡，如图 4-13 所示。
- 首先选择线条的样式（双线）和颜色（蓝色），再单击"预置"下的"外边框 "按钮设置表格的外边框（或单击 、 、 、 按钮）。

- 重新选择线条样式（细实线）和颜色（绿色），再单击"预置"下的"内部 ➕"按钮（或单击 ➖、｜按钮）设置表格的内部框线。

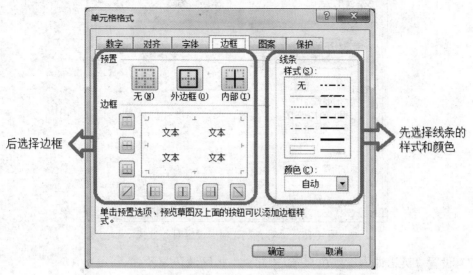

图 4-13　"边框"选项卡设置表格边框

（5）设置"日期"列数据采用全部汉字格式，"销售额"采用货币格式。

- 选中 A 列，打开"单元格格式"对话框，单击"数字"选项卡，按如图 4-14 所示进行设置。
- 选中"销售额"列，单击工具栏中的"货币样式"按钮。或者在"单元格格式"对话框中选择"货币"。

图 4-14　"数字"选项卡设置日期格式

（6）设置表格中的数据全部水平居中且垂直居中。

选中 A2:D18，打开"单元格格式"对话框，单击"对齐"选项卡，在水平对齐和垂直对齐处都选"居中"如图 4-15 所示，单击"确定"按钮。

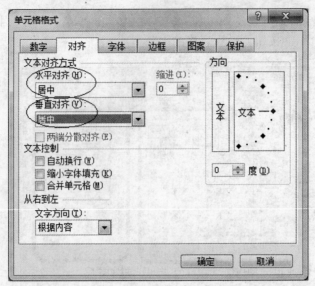

图 4-15　"对齐"选项卡设置对齐方式

（7）设置"英语课本"红色显示，"北京"地区蓝色显示。

- 选中 B3:C18 区域，执行"格式"菜单→"条件格式"命令，打开"条件格式"对话框。
- 在条件 1 中选择单元格数值"等于"，单击折叠 按钮，选中一个"英语课本"单元格，然后再单击 按钮展开"条件格式"对话框，单击"格式"按钮，设置红色字色。
- 单击"添加"按钮，用类似的方式设置条件 2，参照图 4-16 设置，单击"确定"。

图 4-16　"条件格式"对话框设置条件格式

（8）调整行高。

- 方法一：选中除标题外的所有行，单击"格式"菜单→"行高"命令，在"行高"对话框中输入 20，单击"确定"。
- 方法二：将鼠标放置在行号与行号之间的分隔线上，当鼠标指针变成双向箭头 时，拖拽鼠标即可调整行高，但此方法不能按数值精确设置行高。

（9）调整列宽。

- 方法一：将鼠标放置在列标与列标之间的分隔线上，当鼠标指针变成双向箭头 时，拖拽鼠标即可调整列宽。
- 方法二：选中列，执行"格式"菜单→"列宽"命令，在"列宽"对话框中输入适当的数值。

- 方法三：双击列标与列标之间的分隔线，系统自动按照需要的最小列宽显示。
- 格式化设置最后的结果如图 4-17 所示，保存文件。

	A	B	C	D
1	育才教材发行中心			
	教材销售统计			
2	日期	教材	地区	销售额（￥）
3	二〇一三年八月一日	语文课本	北京	￥ 180,000.00
4	二〇一三年八月一日	语文课本	武汉	￥ 210,000.00
5	二〇一三年八月一日	语文课本	南京	￥ 160,000.00
6	二〇一三年八月一日	数学课本	武汉	￥ 100,000.00
7	二〇一三年八月一日	数学课本	长沙	￥ 80,000.00
8	二〇一三年八月一日	英语课本	北京	￥ 150,000.00
9	二〇一三年八月二日	语文课本	长沙	￥ 100,000.00
10	二〇一三年八月二日	语文课本	南京	￥ 70,000.00
11	二〇一三年八月二日	英语课本	北京	￥ 100,000.00
12	二〇一三年八月三日	数学课本	南京	￥ 190,000.00
13	二〇一三年八月三日	数学课本	武汉	￥ 150,000.00
14	二〇一三年八月三日	语文课本	北京	￥ 220,000.00
15	二〇一三年八月三日	英语课本	长沙	￥ 180,000.00
16	二〇一三年八月三日	英语课本	北京	￥ 100,000.00
17	二〇一三年八月三日	英语课本	武汉	￥ 160,000.00
18	二〇一三年八月三日	数学课本	南京	￥ 290,000.00

图 4-17　"教材销售"表格式设置结果

- 另外，如果要取消设置或清除格式：选中区域，选择"编辑"菜单→"清除"→"格式"命令即可。

6. 设置数据有效性输入

【示例 6】

创建一个工作簿，命名为"数据有效性.xls"。输入如图 4-8 所示的工作表内容。其中，"数学"、"语文"的分数输入时，要能够自动拒绝 0~100 以外的数据输入。

	A	B	C	D	E	F
1	期末考试成绩单					
2	学号	姓名	语文	数学	总分	平均分
3	M001	王力	90	78		
4	M002	黄红	89	90		
5	M003	孙平	76	87		
6	M004	牛群	56	62		
7	M005	李正	87	65		
8	M006	张明	34	70		
9	M007	张建	89	98		
10	M008	王军	90	99		

图 4-18　"数据有效性.xls"样本

实验过程与内容：

（1）新建工作簿，输入除"数学"、"语文"的分数以外的其他表格内容。

（2）设置自动拒绝 0~100 以外的数据输入。

- 选择区域 C3:D10，单击"数据"菜单→"有效性"命令，打开"数据有效性"对话框，如图 4-19 所示。
- 在"允许"中选择"整数"；在"数据"下拉列表中选择"介于"；在"最小值"中输入 0，在"最大值"中输入 100。

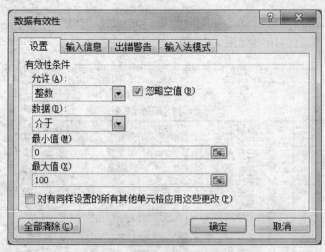

图 4-19 "数据有效性"对话框

- 单击"确定"，完成拒绝输入 0～100 的"数据有效性"设置。

（3）在区域 C3:D10 中输入各科负数，输入时可尝试允许范围以外的数，如 190，则系统会弹出如图 4-20 所示的提示框，单击"重试"按钮，重新输入允许范围内的数据。

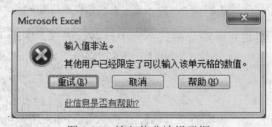

图 4-20 输入值非法提示框

第二项 公式与函数的应用

一、实验目的

1. 熟练掌握使用公式进行计算。
2. 熟练掌握 Excel 的常用函数计算表格中的数据。

二、实验准备

1. 理解 Excel 的基本概念：单元格、工作表、工作簿、填充柄。
2. 熟悉 Excel 的窗口组成及基本操作，并与 Word 相对比，体会二者的异同点。
3. 在某个磁盘（如 D:\）下创建自己的文件夹，名为"姓名_电子表格"。

三、实验演示

1. 在单元格中使用公式

【示例 1】

创建一个工作簿，命名为"使用公式.xls"。按图 4-21 所示修改工作表名称，其中，"初赛"工作表输入如图 4-21 所示的内容，然后用公式计算"总得票数"。

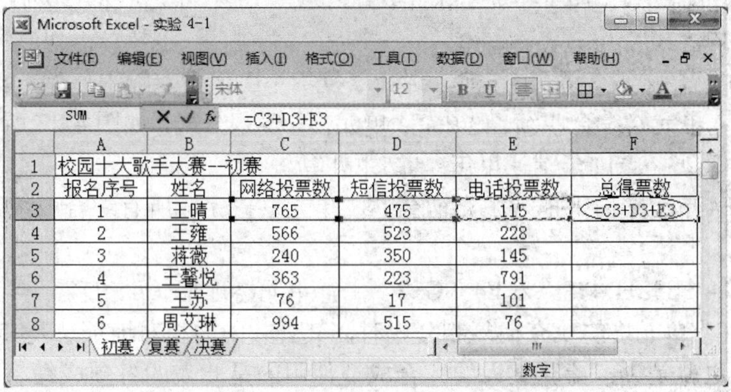

图 4-21 输入公式计算总得票数

实验过程与内容：

（1）创建一个工作簿，命名为"使用公式.xls"，保存在自己的文件夹内。

（2）修改工作表名称，输入"初赛"工作表的原始数据。

（3）用公式计算 F3 单元格的总得票数。选中 F3 单元格，输入"=C3+D3+E3"公式，如图 4-21 所示，按回车键或单击输入栏上的 ✓ 按钮即可在 F3 中显示计算结果。

操作提示：

公式中 C3、D3、E3 地址的输入，也可以通过单击相应的单元格得到。这种方法更加便捷、准确。

（4）使用填充柄复制公式。再选中 F3 单元格，按住填充柄向下拖拽至 F102 单元格，完成"总得票数"的计算。

2. 在公式中使用绝对引用地址

【示例 2】

对工作簿"使用公式.xls"中的"复赛"工作表按要求完成以下操作。

要求：

● 在"复赛"工作表中输入如图 4-22 所示的原始数据内容。

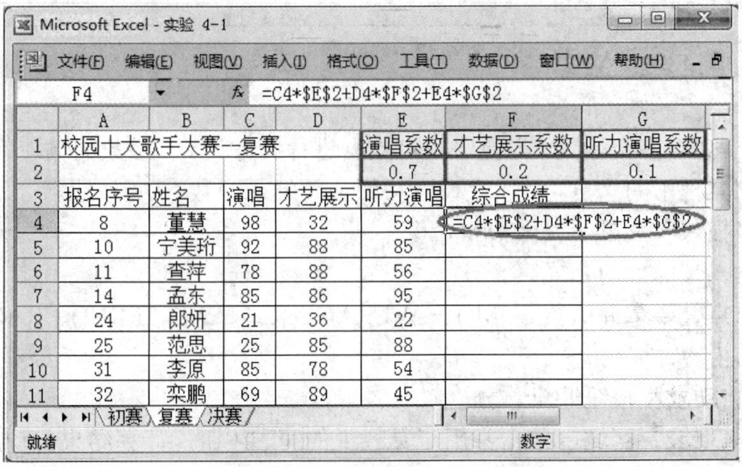

图 4-22 计算综合成绩

- 用公式计算综合成绩。其中演唱成绩、才艺展示成绩和听力演唱成绩分别占综合成绩的 70%、20%、10%。即：综合成绩=演唱*70%+才艺展示*20%+听力演唱*10%。

实验过程与内容：

（1）打开"使用公式.xls"工作簿，选择"复赛"工作表，输入原始数据。

（2）计算 F4 单元格综合成绩。选中 F4 单元格，输入公式，如图 4-22 所示，"=C4*$E$2+D4*$F$2+E4*$G$2"，按回车键或单击 ✔ 结束计算。

（3）选中 F4 单元格向下拖拽填充柄至 F33 单元格，完成所有综合成绩的计算。

操作提示：

在公式"=C4*$E$2+D4*$F$2+E4*$G$2"中，单元格地址 C4、D4、E4 是"相对地址引用"，即当拖拽 F4 单元格的填充柄复制公式时，其公式中的相对地址总是其公式单元格左边的三个单元格，也就是说：计算某人的综合成绩使用的是此人的各项成绩。而$E$2、$F$2、$G$2 是绝对地址引用，即当拖拽 F4 单元格的填充柄复制公式时，其公式中的绝对地址总是 $E$2、$F$2、$G$2 不变。

3. 函数的使用（一）

【示例 3】

在工作簿"使用公式.xls"中的"决赛"工作表中输入如图 4-23 所示的原始数据内容，然后用 Excel 函数进行统计计算。

	A	B	C	D	E	F	G	H	I	J	K	L	M	N	O	P
1	校园十大歌手大赛--决赛															
2	报名序号	姓名	评委1	评委2	评委3	评委4	评委5	评委6	评委7	评委8	评委9	评委10	总分	平均分	去掉一个最高分和一个最低分，平均得分	最终名次
3	8	董慧	10	10	10	10	8	10	9	9	9	9				
4	10	宁美珩	9	7	7	7	9	8	9	6	9	7				
5	11	查萍	7	6	6	8	8	7	9	8	9	8				
6	14	孟东	10	7	7	9	9	10	7	8	3	7				
7	31	李原	8	7	7	9	7	9	7	9	8	7				
8	32	栾鹏	6	7	9	10	10	9	7	8	7	8				
9	36	冯佳琦	7	8	8	7	9	9	10	9	9	8				
10	46	石园洁	7	9	6	8	10	7	9	10	9	8				
21	88	卢培杰	10	9	7	10	9	10	8	8	8	6				
22	91	李灵灵	10	10	9	10	9	9	9	10	9	9				
23	平均分															
24	最高分															
25	最低分															

初赛／复赛＼决赛／

图 4-23 "决赛"初表

操作提示：

Excel 提供了 200 多个函数，方便用户对数据进行统计计算。函数的输入方法主要有三种：

- 单击工具栏中的"自动求和" Σ ▾ 按钮或"插入函数" fx 按钮。
- 使用"插入"菜单→"函数"命令。
- 直接输入带函数的公式。

本实验的重点是要掌握函数 SUM()、AVERAGE()、MAX()、MIN()、RANK()的使用。

实验过程与内容：

（1）利用自动求和按钮计算总分。

- 选择 M3:M22 区域，单击常用工具栏上的 Σ ▾ 按钮，计算结果自动产生在 M3:M22 区域。

- 选中 M3:M22 区域中任意一个单元格，查看编辑栏上的公式。例如：选中 M8 单元格，在编辑栏中显示公式"=SUM(C8:L8)"，表示此单元格是求 C8:L8 区域中数据的和。

（2）计算平均分。

- 选择 N3 单元格，打开 $\boxed{\Sigma\ \cdot}$ 按钮的下拉列表，选择"平均值"，如图 4-24 所示，修改公式为"=AVERAGE(C3:L3)"。即计算第一个选手的平均分。

图 4-24 $\boxed{\Sigma\ \cdot}$ 按钮的下拉列表

- 选中 N3 单元格，拖拽填充柄到 N22，计算出每个选手的平均分。
- 按类似操作，在 C23：L23 单元格中计算每个评委打分的平均分

（3）计算最高分和最低分。

- 计算每个评委打分的最高分：选中 C24 单元格，打开 $\boxed{\Sigma\ \cdot}$ 按钮的下拉列表，选择"最大值"，拖拽 C24 单元格的填充柄到 L24。
- 计算每个评委打分的最低分：选中 C25 单元格，打开 $\boxed{\Sigma\ \cdot}$ 按钮的下拉列表，选择"最小值"，拖拽 C25 单元格的填充柄到 L25。

（4）直接输入带函数的公式。

计算去掉评委给选手打分的一个最高分和最低分之后的平均分。在 O3 单元格输入公式"=(SUM(C3:L3)-MAX(C3:L3)-MIN(C3:L3))/8"，拖拽 O3 单元格的填充柄到 O22 单元格。

（5）使用插入函数的方法计算每个人的名次。

选中 P3 单元格，单击插入函数 f_x 按钮，在"插入函数"对话框中选择 RANK 函数，打开"函数参数"对话框，在 Number 文本框内输入单元格地址 O3（注意：3 前面的是字母 O，不是数字 0），光标移至 Ref 文本框内，输入区域$O$3: $O$22，如图 4-25 所示，单击"确定"，完成第一行数据的排名计算；选中 P3 单元格拖拽填充柄到 P22，完成公式的复制，计算出每个人的排名，保存文件。

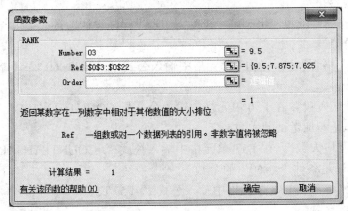

图 4-25 "函数参数"对话框

操作提示：

图 4-25 中 Ref 文本框内的区域也可以通过以下方式输入：单击按钮🔳，折叠"函数参数"对话框，用鼠标选中区域 O3:O22；再单击按钮🔳展开"函数参数"对话框，将光标放置在 O3 上，按 F4 功能键，切换至绝对引用地址$O$3；用同样的办法将相对引用地址 O22 也切换成绝对引用地址$O$22。

思考：

查看公式单元格 P3 中的公式"=RANK(O3,$O$3:$O$22)"，是相对地址 O3 单元格中的数值在绝对区域$O$3:$O$22 中排名第几。试想如果不使用绝对区域，复制公式之后的结果会怎样？

4. 函数的使用（二）

【示例4】

新建工作簿"函数使用.xls"，及如图 4-26 所示的"程序设计考试成绩"工作表。然后利用 Excel 函数进行计算：统计总分、考试人数、及格率、各分数段人数，并给出是否及格信息。为了方便显示，图中若干行数据被隐藏。

	A	B	C	D	E	F	G	H	I
1	《程序设计》试卷分析								
2	班级	学号	姓名	选择题满分10	完善程序题满分30	阅读程序题满分30	程序设计题满分30	总分	及格否
3	机械	A0344112	张晓林	10	25	26	27		
4	机械	A0444101	李淑媛	6	18	13	12		
53	英语	T0412214	王婧	6	21	11	29		
54	英语	T0412215	谢智群	10	19	25	20		
55									
56				考试人数					
57				及格人数					
58				及格率					
59				90-100人数					
60				80-89人数					
61				70-79人数					
62				60-69人数					
63				60分以下人数					

图 4-26 "程序设计考试成绩"表

实验过程与内容：

（1）新建工作簿"函数使用.xls"，修改工作表"程序设计考试成绩"，在工作表中输入原始数据。计算"总分"。

（2）统计"及格否"列：在 I3 单元格中输入公式"=IF(H3<60,"不及格","及格")"，并拖拽填充柄到 I54。

（3）统计"考试人数"：在 F56 单元格中输入公式"=COUNT(H3:H54)"，计算区域 H3:H54 中数值的个数，即是参加考试的人数。

（4）统计"及格人数"：在 F57 单元格中输入公式"=COUNTIF(H3:H54，">=60")"，计算区域 H3:H54 中满足条件">=60"的个数。

（5）计算及格率：在 F58 单元格中输入公式"=F57/F56"。

（6）定义区域名称。

操作提示：

在上面的应用中可以看到 H3:H54 区域经常被引用，现将 H3:H54 区域命名为"总分"，在公式中使用"区域的名称"会更加直观和方便。

- 选中 H3:H54 区域，单击"插入"菜单→"名称"→"定义"命令，弹出"定义名称"对话框如图 4-27 所示。

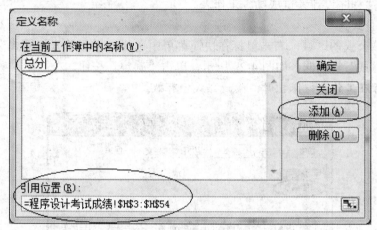

图 4-27 "定义名称"对话框

- 在"当前工作簿中的名称"文本框中输入"总分"，按"添加"按钮，完成区域名称的定义。

（7）使用区域名称，统计各分数段人数。

- 统计 90 分以上的人数：在 F59 单元格输入公式"=COUNTIF(总分,">=90")"，按回车键。
- 统计 80~89 分的人数：在 F60 单元格输入公式"=COUNTIF(总分,">=80")-COUNTIF(总分,">=90")"，按回车键。
- 用类似的方法统计 70~79、60~69 分的人数。
- 统计 60 分以下的人数：在 F63 单元格输入公式"=COUNTIF(总分,"<60")"，按回车键。

最后结果如图 4-28 所示，保存文档后关闭工作簿。

	A	B	C	D	E	F	G	H	I
1	《程序设计》试卷分析								
2	班级	学号	姓名	选择题满分10	完善程序题满分30	阅读程序题满分30	程序设计题满分30	总分	及格否
3	成型	A0344112	张晓林	10	25	26	27	88	及格
4	成型	A0444101	李淑媛	6	18	13	12	49	不及格
53	会学	T0412214	王婧	6	21	11	29	67	及格
54	会学	T0412215	谢智群	10	19	25	20	74	及格
55									
56				考试人数		52			
57				及格人数		46			
58				及格率		88.5%			
59				90-100人数		5			
60				80-89人数		9			
61				70-79人数		18			
62				60-69人数		14			
63				60分以下人数		6			

图 4-28 "程序设计考试成绩"表统计结果

5. 隐藏公式

【示例5】

打开工作簿"函数使用.xls"，将"程序设计考试成绩"工作表的"总分"列的公式进行隐藏。

实验过程与内容：

（1）打开"程序设计考试成绩"工作表。

（2）隐藏公式。

选中要隐藏公式的区域，右击鼠标在快捷菜单中选择"设置单元格格式"→"保护"选项卡，选中"隐藏"复选框，如图4-29所示，单击"确定"按钮。

注意：只有在工作表被保护时，隐藏公式才有效。

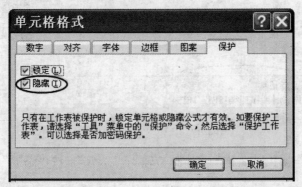

图4-29　"单元格格式"对话框的"保护"选项卡中选"隐藏"

（3）保护工作表。

单击"工具"菜单→"保护"→"保护工作表"命令，弹出"保护工作表"对话框，如图4-30所示。输入自己设定的密码，按"确定"按钮，再次输入密码，按"确定"按钮，完成公式隐藏操作。

（4）单击H3单元格，查看编辑栏中是否显示公式。若不显示公式，即隐藏公式成功。

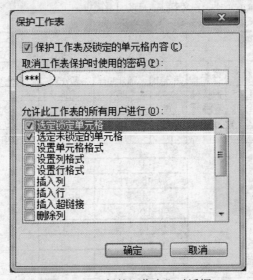

图4-30　"保护工作表"对话框

（5）解除隐藏公式。

单击“工具”菜单→“保护”→“撤消工作表保护”，打开“撤消工作表保护”对话框，如图 4-31 所示，输入取消保护密码，按“确定”完成操作。

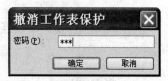

图 4-31　“撤消工作表保护“对话框

四、实验练习及要求

1．创建一个工作簿，命名为“学生成绩表”。在 Sheet1 中输入如图 4-32 所示的“学生成绩表”原始数据，并按照表格的设计进行统计计算。计算并填充数据后的结果如图 4-33 所示。

	A	B	C	D	E	F	G	H	I	J	K
1	学生成绩表					制表人：于洋洋					
2	制表时间：										
3	学号	班级	姓名	英语	高数	制图	平均分	总分	名次	不及格科目	合格否
4	001	1班	李洋	90	80	70					
5		1班	王芳	75	80	80					
6		3班	张国强	80	60	60					
7		2班	赵里	94	89	89					
8		2班	钱进	100	90	75					
9		1班	孙平	87	87	95					
10		3班	李四	69	65	84					
11		1班	周五	58	58	76					
12		2班	吴刚	69	98	95					
13		3班	郑民	78	58	65					
14	平均分										
15	最高分										
16	最低分										
17	及格人数										
18	不及格人数										
19	及格率										

Sheet1 / Sheet2 / Sheet3　就绪

图 4-32　学生成绩表（初表）

	A	B	C	D	E	F	G	H	I	J	K
1	学生成绩表					制表人：于洋洋					
2	制表时间：	2007-9-28									
3	学号	班级	姓名	英语	高数	制图	平均分	总分	名次	不及格科目	合格否
4	001	1班	李洋	90	80	70	80.00	240	5	0	合格
5	002	1班	王芳	75	80	80	78.33	235	6	0	合格
6	003	3班	张国强	80	60	60	66.67	200	9	0	合格
7	004	2班	赵里	94	89	89	90.67	272	1	0	合格
8	005	2班	钱进	100	90	75	88.33	265	3	0	合格
9	006	1班	孙平	87	87	95	89.67	269	2	0	合格
10	007	3班	李四	69	65	84	72.67	218	7	0	合格
11	008	1班	周五	58	58	76	64.00	192	10	2	不合格
12	009	2班	吴刚	69	98	95	87.33	262	4	0	合格
13	010	3班	郑民	78	58	65	67.00	201	8	1	不合格
14	平均分			80	76.5	78.9	78.47	235.4			
15	最高分			100	98	95	90.67	272			
16	最低分			58	58	60	64	192			
17	及格人数			9	8	10					
18	不及格人数			1	2	0					
19	及格率			90%	80%	100%					

图 4-33　学生成绩表计算结果

第三项　数据的管理与分析

一、实验目的

1. 掌握工作表的排序、筛选与分类汇总的方法。
2. 熟练掌握根据数据表制作各种图表的方法。

二、实验准备

1. 在某个磁盘（如 D:\）下创建自己的文件夹，名为"姓名_电子表格"。

三、实验演示

1. 数据排序

【示例 1】

新建"数据排序筛选.xls"工作簿，及如图 4-34 所示的"招聘考试成绩表"工作表。

	A	B	C	D	E	F	G	H
1	宏大公司招聘新员工考试成绩表							
2	准考证号	姓名	生源地	行政职业能力测试	申论	专业科目考试	面试	综合成绩
3	2013001	王立	辽宁	67	87	88	89	85
4	2013002	王达	天津	60	66	66	67	65
5	2013003	吴萱	北京	77	43	34	66	51
6	2013004	徐廷	吉林	79	56	88	88	82
7	2013005	武鹏	辽宁	81	65	96	87	86
8	2013006	赵晓	吉林	80	75	89	68	79
9	2013007	张婉	天津	98	86	67	89	81
10	2013008	刘佳	辽宁	87	79	66	83	76
11	2013009	靖美	北京	39	80	88	35	64
12	2013010	苏虹	天津	56	81	87	64	75

图 4-34　"招聘考试成绩表"初表

要求：

- 按"综合成绩"降序排序；
- 当"综合成绩"相同时，按"专业科目考试"成绩降序排序；
- "综合成绩"和"专业科目考试"都相同时，再按"面试"降序排序。

实验过程与内容：

（1）新建"数据排序.xls"工作簿，在"招聘考试成绩表"工作表中输入原始数据。

（2）在区域 A2:H12 中单击任意一个单元格，单击"数据"菜单→"排序"，弹出"排序"对话框。

（3）如图 4-35 示，在"主要关键字"下拉列表中选定"综合成绩"，同时选择"降序"单选按钮；在"次要关键字"下拉列表中选定"专业科目考试"，同时选择"降序"单选按钮；在"第三关键字"下拉列表中选定"面试"，同时选择"降序"单选按钮。

（4）单击"确定"按钮，完成排序。保存工作簿。

图 4-35　"排序"对话框

2. 数据筛选

打开"数据排序筛选.xls"工作簿，将"招聘考试成绩表"分别复制为"筛选 1"、"筛选 2"、"筛选 3"、"筛选 4"工作表。

要求：

- 在"筛选 1"工作表中筛选出"生源地"是北京的考生。
- 在"筛选 2"工作表中筛选出"综合成绩"在前 5 名的考生数据。
- 在"筛选 3"工作表中筛选出"综合成绩"在 70~80 的考生数据。
- 在"筛选 4"工作表筛选出姓王考生的数据。

实验过程与内容：

（1）筛选出"生源地"是北京的考生。

- 单击"筛选 1"工作表标签，选择区域 A2:H12，单击"数据"菜单→"筛选"→"自动筛选"命令。在表头的各个列标题右侧分别有一个筛选▼按钮。
- 单击"生源地"右侧的筛选▼按钮，在下拉列表中选择"北京"，即筛选出北京的考生，此时筛选按钮变成蓝色。

（2）筛选出"综合成绩"在前 5 名的考生。

- 单击"筛选 2"工作表标签，选择区域 A2:H12，单击"数据"菜单→"筛选"→"自动筛选"命令。
- 单击"综合成绩"列的筛选按钮，在下拉列表中选择"前 10 个"，打开"自动筛选前 10 个"对话框，显示"最大"，在中间的数字微调控件中输入"5"，如图 4-36 所示，单击"确定"按钮即可筛选出综合成绩在前 5 名的考生数据。

图 4-36　"自动筛选前 10 个"对话框

（3）筛选出"综合成绩"在 70~80 的考生数据。

- 单击"筛选 3"工作表标签，设置"自动筛选"。
- 在"综合成绩"筛选下拉列表中选择"自定义"，弹出"自定义自动筛选方式"对话框，按照如图 4-37 所示设置，即可选出"综合成绩"在 70~80 的考生数据。

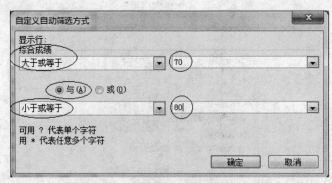

图 4-37　"自定义自动筛选方式"对话框，筛选成绩在 70~80 之间学考生数据

（4）筛选出姓王考生的数据。

单击"筛选 4"工作表标签，设置"自动筛选"。

在"姓名"筛选下拉列表中选择"自定义"，弹出"自定义自动筛选方式"对话框，按照如图 4-38 所示设置，即可选出姓王考生的数据。

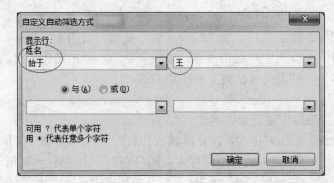

图 4-38　"自定义自动筛选方式"对话框，筛选姓王考生的数据

3. 数据的分类汇总

【示例 3】

新建"分类汇总.xls"工作簿，及如图 4-39 所示的"学生成绩表"，然后按"班级"分类，建立"分类汇总"表，按"平均值"汇总"平均分"，只显示各班的平均分。

	A	B	C	D	E	F	G
1			学 生 成 绩 表				
2	制表时间:		2007-5-14		制表人:	于洋	
3	序号	班级	姓名	英语	高数	计算机	平均分
4	001	1班	李洋	78	85	89	84.0
5	002	1班	王芳	69	96	69	78.0
6	003	3班	张国强	89	58	58	68.3
7	004	2班	赵一	96	73	98	89.0
8	005	2班	钱二	65	87	69	73.7
9	006	1班	孙三	85	84	98	89.0
10	007	3班	李四	96	98	98	97.3
11	008	1班	王五	98	54	87	79.7
12	009	2班	周六	100	58	87	81.7
13	010	3班	黄力	67	98	87	84.0

图 4-39　"学生成绩表"样本

实验过程与内容：

（1）新建"分类汇总.xls"工作簿，在"学生成绩表"工作表中输入如图 4-39 所示的内容。

（2）按"班级"排序。选中区域 A3:G13，单击"数据"菜单→"排序"命令，在"排序"对话框的"主要关键字"中选择"班级"，并选择"升序"单选按钮，然后单击"确定"按钮。

操作提示：

要进行分类汇总，第一步必须要对分类列进行排序，否则，无法完成汇总。

（3）选中区域 A3: G13，单击"数据"→"分类汇总"命令，打开"分类汇总"对话框，在"分类字段"中选择"班级"，在"汇总方式"中选择"平均值"，在"选定汇总项"中选择"平均分"，如图 4-40 所示，然后单击"确定"按钮。

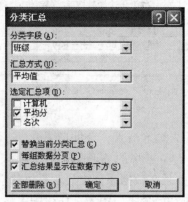

图 4-40　"分类汇总"对话框

分类汇总结果如图 4-41 所示。

	序号	班级	姓名	英语	高数	计算机	平均分
			学生成绩表				
	制表时间:		2007-5-14		制表人:于洋		
4	001	1班	李洋	78	85	89	84.0
5	002	1班	王芳	69	96	69	78.0
6	006	1班	孙三	85	84	98	89.0
7	008	1班	王五	98	54	87	79.7
8	1班 平均值						82.7
9	004	2班	赵一	96	73	98	89.0
10	005	2班	钱二	65	87	69	73.7
11	009	2班	周六	100	58	87	81.7
12	2班 平均值						81.4
13	003	3班	张国强	89	58	58	68.3
14	007	3班	李四	96	98	98	97.3
15	010	3班	黄力	67	98	87	84.0
16	3班 平均值						83.2
17	总计平均值						82.5

图 4-41　分类汇总结果

（4）单击层次按钮 2 ，只显示各班的平均分，如图 4-42 所示，可以很方便地比较各班的平均分。

	序号	班级	姓名	英语	高数	计算机	平均分
			学生成绩表				
	制表时间:		2007-5-14		制表人:于洋		
8	1班 平均值						82.7
12	2班 平均值						81.4
16	3班 平均值						83.2
17	总计平均值						82.5

图 4-42　只显示各班的平均分的汇总结果

（5）分别单击层次按钮 1 和 3，查看不同的显示结果。

4. 创建图表

【示例4】

新建工作簿"创建图表.xls"，及如图 4-43 所示的"各学院学生人数统计表"，然后按要求创建图表。

	A	B	C	D	E	F
1	各学院学生人数统计表					
2		文法学院	会计学院	工商学院	传媒学院	经济学院
3	一年级	468	967	874	674	547
4	二年级	354	586	850	552	688
5	三年级	354	857	854	454	341
6	四年级	348	426	654	321	456
7	总计					

图 4-43　各学院学生人数统计表

要求：

- 根据各学院各年级学生人数，嵌入一个柱形图表，直观地显示各学院各年级人数。
- 根据会计学院的人数，建立一个的条形图并存放到新工作表中，新工作表名称为"会计学院学生人数图"，并且在数据系列上显示具体的学生人数和会计学院的数据表。
- 根据各学院的总人数建立一个饼型图表，在饼图上显示各学院学生人数的比例。

实验过程与内容：

（1）新建工作簿"创建图表.xls"，在"各学院学生人数统计表"中输入如图 4-43 所示的数据内容，计算各学院的总人数，即"总计"行。

（2）插入柱形图表。

- 选定用于制作图表的数据区域 A2:F6。单击"插入"菜单→"图表"命令或单击常用工具栏上的"图表向导" 按钮，弹出如图 4-44 所示的"图表向导-4 步骤之 1-图表类型"对话框，在"图表类型"列表框中单击"柱形图"，再选中一个子图表类型，单击"下一步"按钮。

图 4-44　"图表类型"对话框

- 在弹出的"图表向导—4 步骤之 2-图表源数据"对话框，单击"系列产生在"在"行"单选按钮，单击"下一步"按钮。
- 弹出"图表向导—4 步骤之 3-图表选项"对话框，按图 4-45 所示完成"图表标题"、"分类(X)轴"、"数值(Y)轴"的设置，单击"下一步"按钮。

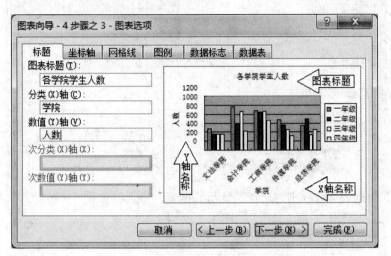

图 4-45 "图表选项—标题"选项卡

- 在"图表向导-4 步骤之 4-图表位置"对话框中，选择"作为其中的对象插入"单选按钮，单击"完成"按钮，结果如图 4-46 所示。

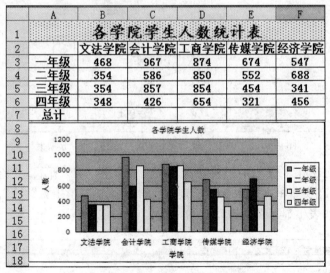

图 4-46 在工作表中嵌入图表结果

（3）在新工作表中建立条形图

- 选择区域 A2:A6，按住 Ctrl 键，再选择区域 C2:C6，单击工具栏上的"图表向导" 按钮，弹出"图表向导-4 步骤之 1-图表类型"对话框，在"图表类型"列表框中单击"条形图"。
- 弹出"图表向导-4 步骤之 3-图表选项"对话框，在"标题"选项卡中输入图表标题，在"数据标志"选项卡中选择"值"选项，如图 4-47 所示。

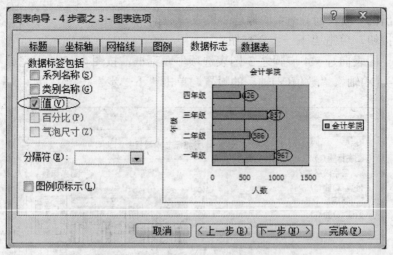

图 4-47　"图表选项"对话框的"数据标志"选项卡

- 单击"数据表"选项卡，选择"显示数据表"复选框如图 4-48 所示，单击"下一步"。

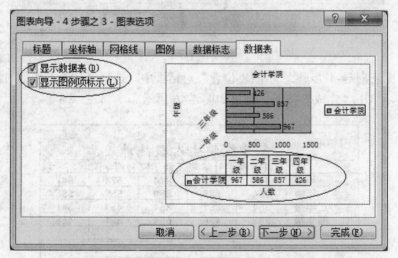

图 4-48　"图表选项"对话框的"数据表"选项卡

- 在"图表向导-4 步骤之 4-图表位置"对话框（如图 4-49 所示）中选择"作为新工作表插入"，并在文本框中输入新工作表名称"会计学院学生人数图"，单击"完成"，则会在新工作表中显示图 4-50 所示的图表。

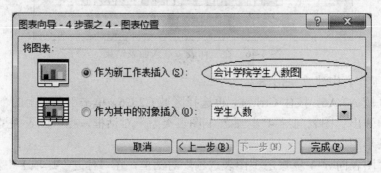

图 4-49　"图表向导-4 步骤之 4:图表位置"对话框

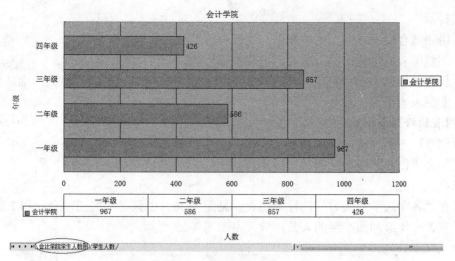

图 4-50　会计学院各年级人数统计图表

（4）插入饼图

- 选中区域 A2:F2，按住 Ctrl 键，再选择区域 A7:F7。打开"图表向导-4 步骤之 1-图表类型"对话框，在"图表类型"列表框单击中"饼图"，单击"下一步"。
- 打开"图表向导-4 步骤之 2-图表源数据"对话框，在"系列产生在"选项中，选择"行"，单击"下一步"按钮。
- 打开"图表向导-4 步骤之 3-图表选项"对话框，在"标题"选项卡中输入图表标题为"各学院人数比例"；在"图例"选项卡中选择"底部"；在"数据标志"选项卡，按图 4-51 进行设置，单击"完成"按钮，得到如图 4-52 所示的饼图。

图 4-51　"图表向导-4 步骤之 3-图表选项"对话框之"数据选项卡"

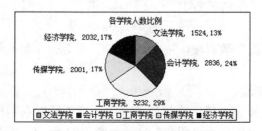

图 4-52　各学院总人数分布饼图

操作提示：

- 饼图适合显示一个系列的数据，能直观地表示各数据所占的比例。
- 调整图表的位置：单击图表，按住鼠标拖动，调整图表位置。
- 调整图表的大小：将鼠标放在图表的边界上，鼠标形状变成双箭头，拖拽鼠标可改变图表大小。

5. 图表的修改及格式化

【示例 5】

对工作簿"创建图表.xls"中创建的图表进行修改及格式化。

要求：

- 在"各学院学生人数"的柱形图表（见图 4-46）中只显示文法、会计和工商 3 个学院、一年级和四年级的人数，效果参考图 4-53 所示。

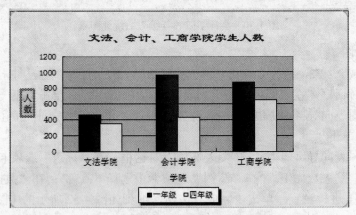

图 4-53   修改、格式化之后的图表

- 将图 4-52 所示的"各学院人数比例"饼图的类型修改为"分离型三维饼图"，再进行其他的效果修改。

实验过程与内容：

（1）修改图表标题。

在图表的标题上单击两次，出现插入点光标，修改标题的内容"文法、会计、工商学院学生人数"；右击图表标题，选择"图表标题格式"，在该对话框中设置图表标题的格式，包括：底纹、字体、对齐方式等。

（2）修改源数据。

在图表上单击鼠标右键，选"源数据"命令，在"数据区域"选项卡中，单击折叠![按钮]按钮，在工作表中重新选择源数据区域为"=学生人数!$A$2:$D$6"，单击"确定"，其结果只显示文法、会计、工商三个学院的数据。

（3）删除系列。

在图标上单击"二年级"数据项，按 Delete 键，删除二年级数据系列。类似地操作删除三年级数据系列。

（4）设置数据系列格式。

在一年级数据系列上单击右键，在快捷菜单中选择"数据系列格式"命令，弹出"数据系列格式"对话框，设置该系列的"图案"底纹如图 4-54 所示，填充效果如图 4-55 所示。

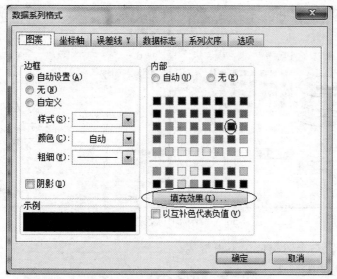

图 4-54 "数据系列格式"对话框，设置"图案"底纹

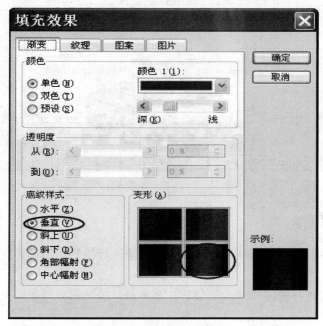

图 4-55 "数据系列格式"对话框，设置填充效果

（5）设置图表区格式。

在图表空白处单击鼠标右键，选择快捷菜单中的"图表区格式"命令，弹出"图表区格式"对话框，选择"图案"选项卡，单击"填充效果"按钮，在"填充效果"对话框的"纹理"选项卡中选择一个纹理，单击"确定"按钮，回到图表区格式对话框，单击"确定"完成图表背景图案的设置。

（6）设置坐标轴标题格式。

在 Y 轴坐标轴标题"人数"上单击鼠标右键，选择"坐标轴标题格式"命令，在对话框中进行设置如图 4-56 所示。

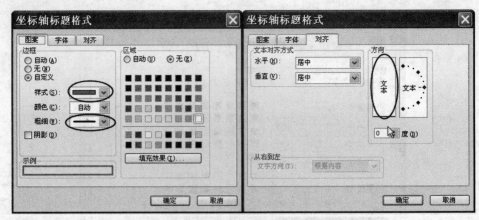

图 4-56　"坐标轴标题格式"对话框

图例等部分设置与上述类似，不再赘述。

（7）改变图表的类型。

在图 4-52 所示的"各学院人数比例"饼图上单击鼠标右键，在快捷菜单中选择"图表类型"命令，在"饼图"的"子图表类型"中选择"分离型三维饼图"类型，按"确定"完成图表类型的更改。其他设置略，最后的效果如图 4-57 所示。

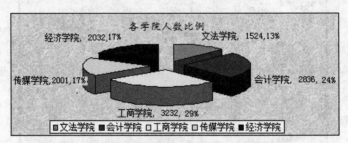

图 4-57　改变图表类型，并格式化后的效果图

四、实验练习及要求

1. 打开"销售统计簿"Excel 工作簿，并按要求进行排序和筛选。

要求：

- 按"合计"进行递减排序，如果某几个公司总的销售数量相同再按"第 1 季度"递减排序。
- 将"合计"中大于 1500 的记录显示筛选出来。

2. 建立如图 4-58 所示的工作表，并按要求插入图表。

	A	B	C	D	E	F
1	某高校学生人数表					
2		机械学院	信息学院	工商学院	建工学院	经济学院
3	一年级	568	967	874	874	547
4	二年级	654	586	850	852	688
5	三年级	654	857	854	654	341
6	四年级	548	426	654	321	456
7	总计	2424	2836	3232	2701	2032

图 4-58　某高校学生人数表

要求：

- 根据各学院各年级学生人数，嵌入一个柱形图表如图 4-59 所示。
- 根据各学院总的人数建立如图 4-60 所示的一个饼型图表，用来显示各学院学生人数的比例关系。

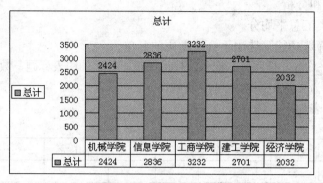

图 4-59　各学院人数统计图表

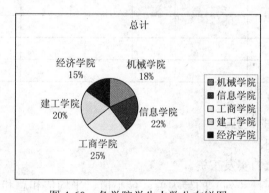

图 4-60　各学院学生人数分布饼图

3．有如下"学生成绩表"，请自行填充数据，考试科目在 5 科以上，至少有 20 个人的数据。

序号	学院	姓名	英语	数学	……	总分	平均	名次	合格
001									

（1）必须使用公式完成下列统计计算。

- 求每个人的总分和平均分，并保留两位小数。
- 求每个人的名次。
- 判断每个人是否合格（所有科目都及格为"合格"，否则为"不合格"）。
- 求各个科目的平均值。
- 求各个科目的最高分和最低分。
- 求各个科目及格人数。

- 求各个科目不及格人数。
- 求各个科目及格率，并使用百分比格式。

（2）表格格式化。

设置表格中的数据水平和垂直方向都居中，设置边框和底纹的颜色，适当设置字体。

（3）数据管理和分析。

- 按学院分类汇总平均分。
- 利用自动筛选功能筛选出不合格学生的名单。
- 根据各科平均分，插入一张嵌入式柱形图表，并添加图表标题、数据标志及坐标轴。

（4）设置页眉为"学生期末考试成绩单"。

4．某单位工资表如下，请自行填充数据。

序号	部门	姓名	基本工资	奖金	……	水电费	……	实发工资
001	办公室							
002	一车间							

要求：

- 至少有 20 个人的数据。
- 至少有 4 个部门。
- 用公式计算每人的实发工资。
- 用公式计算各项目（列）的最大值、最小值、平均值和总和。
- 按部门分类汇总（求和）基本工资、奖金、实发工资等各项。
- 筛选出基本工资大于 2000 元的职工。
- 给表格加边框和底纹。
- 根据各部门的实发工资数据插入一张饼形图表，并添加数据标志。
- 设置页眉为"职工工资表"。

5．建立近两个月的日历（参考图 4-61）。

要求：

（1）创建工作簿。

- 创建一个名为"日历"的工作簿，其中包含两个工作表"X 月份"和"X+1 月份"。
- 使用自动填充功能完成主要数据的输入。
- 选择适当位置插入一幅图片。
- 复制工作表后修改数据完成下一个月的数据输入。
- 重命名工作表，并设置工作表标签颜色。

（2）页面设置。

- 在页面设置中选择纸张的大小和页边距。
- 通过打印预览明确格式化时的布局。

星期日	星期一	星期二	星期三	星期四	星期五	星期六
			1	2	3	4
5	6	7	8	9	10	11
12	13	14	15	16	17	18
19	20	21	22	23	24	25
26	27	28	29	30	31	

图 4-61　日历样本

（3）格式化工作表。

- 合并单元格、设置字体、字号、设置对齐方式、加边框和底纹等。
- 去掉工作表中的网格线。（提示："工具"菜单→"选项"→"视图"→"网格线"）

五、Excel 综合大作业

要求：

（1）请你选择一个数据问题，创建一个数据表：学生成绩表、职工工资表、体育赛事表、图书馆信息表、某某销售表（例如：某品牌服装销售、某楼盘销售、图书销售、汽车销售、电脑配件销售、家电销售）等等。

（2）文件命名：班级_学号_姓名.xls。

（3）工作簿有若干张表：

第 1 张表，表名：格式化；包括的内容：至少 20 行原始数据、各种统计计算、设置数据格式（根据需要保留小数位、百分比等）。并根据问题设置表格大标题、边框颜色和底纹、条件格式、页眉和页脚等。

第 2 张表，表名：排序；包括的内容：复制第 1 张表的数据到第 2 张表，对数据按某关键字进行排序（简要说明：按某某关键字进行排序）。

第 3 张表，表名：筛选；包括的内容：复制第 1 张表的数据到第 3 张表，对数据进行筛选（简要说明：按某某进行数据筛选）。

第 4 张表，表名：分类汇总；包括的内容：复制第 1 张表的数据到第 4 张表，对数据进行分类汇总（简要说明：按某某进行分类，汇总某某）。

第 5 张表，表名：图表；包括的内容：复制第 1 张表的数据到第 5 张表，设计一个能说明问题的图表。

六、实验思考

1．如何快速地输入系统当前日期和系统当前时间？

2．如何输入全部由数字字符组成的文本数据？

3．如何给单元格添加或删除批注？

4．如何添加自定义序列？

5．使用菜单命令对数据进行排序时，如何处理有 5 个关键字的排序？

6．Excel 环境中功能键 F4、Ctrl、Alt+Enter 和 Ctrl+Enter 的作用分别是什么？

第五章 PowerPoint 演示文稿

本章实验的基本要求：

- 掌握制作演示文稿的操作方法。
- 掌握 PowerPoint 的文本、图片和声音等幻灯片元素的设置和操作。
- 掌握 PowerPoint 动画和超级链接的设置。
- 掌握幻灯片的放映方法。

第一项 幻灯片的基本操作

一、实验目的

1．了解 PowerPoint 窗口的组成、视图方式及幻灯片制作的相关概念。
2．学会创建新的演示文稿及输入、编辑幻灯片内容。
3．掌握幻灯片的设置与修改。
4．学会管理和放映幻灯片。
5．独立完成一个主题明确、内容健康、艺术性强的幻灯片作品。

二、实验准备

1．熟悉 PowerPoint 的启动和退出。
2．在某个磁盘（如 E:\）下创建一个文件夹，命名为"学号_班级_姓名_演示文稿"，用于存放练习文件。
3．如果要完成诸如毕业论文答辩、企业培训讲解、公司产品介绍等大型演示文稿的制作，一般要经历以下几个步骤：

- 准备素材。主要是准备演示文稿中所需要的一些图片、声音、动画等文件。
- 确定方案。对演示文稿内容的整个构架作一个设计方案。
- 初步制作。将文本、图片等对象输入或插入到相应的幻灯片中。
- 装饰处理。设置幻灯片相关对象的格式，包括图文的颜色、动画效果等。
- 预演播放。设置播放过程的相关命令，查看播放效果，修改满意后正式播放。

4．请在某一盘符下（如 D:\）以"我的演示文稿"为名字建立一个文件夹。打开该文件夹，在其中右击鼠标，选定快捷菜单中的"新建"→"Microsoft PowerPoint 演示文稿"命令，在其中完成幻灯片练习并注意随时保存所完成的内容。

三、实验演示

1．设置幻灯片的版式、设计模板
【示例 1】
制作第一张幻灯片，如图 5-1 所示。幻灯片版式为"标题和文本"，设计模板为 Crayons，并另外插入一幅图片作为背景。

图 5-1　第一张幻灯片

实验过程与内容：

（1）单击"格式"菜单→"幻灯片版式"命令，打开"幻灯片版式"任务窗格（如图 5-2 所示），在文字版式中选定"标题和文本"版式。

（2）单击"格式"菜单→"幻灯片设计"命令，打开"幻灯片设计"任务窗格（如图 5-3 所示），在"应用设计模板"中选择 Crayons 模板。

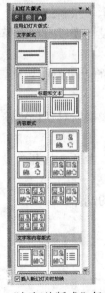

图 5-2　"幻灯片版式"任务窗格　　　　　　图 5-3　"幻灯片设计"任务窗格

（3）在空白演示文稿的工作区中，单击"单击此处添加标题"虚线框内任意一点，输入标题字符"古诗欣赏"，并选中输入的字符，利用"格式"工具栏上的"字体"、"字号"、"字体颜色"按钮，设置好标题的相关要素。

（4）再单击"单击此处添加文本"处，输入四行古诗，仿照上面的方法设置好文本的相关要素。

（5）单击"插入"菜单→"图片"命令→"来自文件"，将存储于某文件夹中的图片插入到幻灯片中并调整大小。右击图片，在快捷菜单中设置"叠放次序"为"置于底层"，这样文字部分就不会被图片遮住了。

2. 在幻灯片中插入和编辑表格

【示例2】

插入一张新幻灯片，应用设计模板"吉祥如意"制作一个课程表（如图5-4所示）。

星期 课节	星期一	星期二	星期三
1、2节	高数	物理	化学
3、4节	计算机	英语	高数
5、6节	英语	体育	计算机

图5-4　制作表格

实验过程与内容：

（1）单击"插入"菜单中的"新幻灯片"命令即可显示一张新幻灯片。

（2）在"幻灯片设计"任务窗格中选择"吉祥如意"设计模板，单击模板右边的下指箭头，选择"应用于选定幻灯片"。

（3）在"幻灯片版式"任务窗格中选择"文字版式"的"只有标题"，单击此处添加标题虚线框输入标题"课程表"。

（4）单击"插入"菜单→"表格"命令，在显示的"表格"对话框中输入表格的列数和行数，单击"确定"按钮，幻灯片中即会出现一张表格。

（5）选定表格，单击"格式"菜单→"设置表格格式"命令，打开"设置表格格式"对话框，可对表格的边框、底纹进行设置。

（6）输入课程表内容，并设置文字格式，结束课程表的制作。

3. 在幻灯片中插入组织结构图

【示例3】

插入一张新幻灯片，绘制"公司机构图"，如图5-5所示。

实验过程与内容：

（1）单击"插入"菜单→"图示"命令，打开"图示库"对话框，选择"组织结构图"。或单击"格式"菜单下的"幻灯片版式"命令，在"幻灯片版式"任务窗格中向下滚动窗口，选择"其他版式"内的"标题或图示与组织结构图"版式。

（2）在标题和方框里输入文本，利用"组织结构图"工具栏上的功能按钮来完成其他操作。

（3）如果想在组织结构图中加入新成员，可以利用工具栏中的"插入形状"按钮，内含三个选项，分别是"下属"、"同事"和"助手"。

（4）"版式"用来设置组织结构图的排列方式以及调整组织结构图的大小。

（5）"选择"可以同时选择组织结构图中同一层次的所有组织方格。

（6）"适应文字"右边是一个"自动套用格式"图标，单击它会打开组织结构图样式库，其中有 17 种样式可供选择。

选用"两边悬挂"式、"默认"样式，含有下属、同事和助手的组织结构图示例图 5-5。

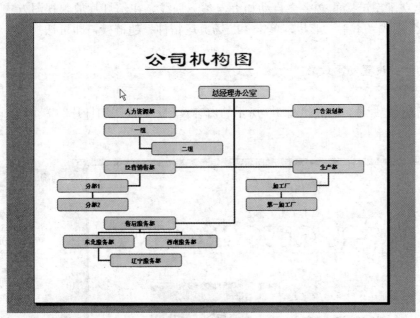

图 5-5　组织结构图

4. 插入超链接

【示例4】

插入一张新幻灯片，输入如图 5-6 所示的文字，插入适当图片。建立超链接，将图 5-6 中的"弘扬奥运精神"文字与"第一张幻灯片"链接起来。

图 5-6　建立超链接的文字

实验过程与内容：

（1）选定当前幻灯片中的"弘扬奥运精神"文字，单击"插入"菜单→"超链接"命令，或单击工具栏上的"插入超链接"按钮，或用快捷键 Ctrl+K，都会打开"插入超链接"对话框。

（2）在"链接到"之下单击"本文档中的位置"，在"请选择文档中的位置"下选择第一张幻灯片的标题，单击"确定"按钮。

（3）建立了超链接的文字会自动加上一条下划线。在幻灯片放映视图方式下，鼠标放在该文字上会变成"小手"形状，单击"弘扬奥运精神"超链接，即可切换到 1 号幻灯片界面上。

5．为幻灯片设置动画效果

【示例5】

插入一张新幻灯片，输入如图 5-7 所示的内容及图片，设置幻灯片的多个动画效果和动作路径。

图 5-7　定义了多个动作路径的幻灯片

实验过程与内容：

（1）右击要添加动画的元素，在弹出的快捷菜单中单击"自定义动画"命令，则窗口右边变成"自定义动画"任务窗格。

（2）单击"添加效果"按钮，在弹出的各种效果中选择一种效果。此时，动画列表框中出现了该动画的序号和说明。单击向下的箭头，可以在下拉列表框中设置该动画的出现时刻等属性。

操作提示：

"添加效果"中有四种动画效果——进入、强调、退出和动作路径。每种效果除了可以选择子菜单上列出的几种效果外，还可以打开"其他效果"对话框，它们分别是添加进入、强调、动作路径效果对话框。

（3）重复前面两个步骤，对其他元素设置动画效果。

（4）单击"播放"按钮，可以播放当前幻灯片的动画效果。

（5）如果要修改动画效果，单击动画列表框中已经设置好的动画编号，此时"添加效果"按钮变成了"更改"按钮，单击该按钮即可更改动画效果。

6. 制作精美贺卡

【示例6】

利用网络资源为亲朋制作一个精美贺卡。要求：设置贺卡背景、输入字符、添加个性图片、设置背景音乐。

实验过程与内容：

（1）上网收集图片和音乐资料，保存到指定文件夹中。

（2）启动 PowerPoint，创建演示文稿，保存为"贺卡"。

（3）设置贺卡背景。

- 单击"格式"菜单→"背景"命令，打开"背景"对话框。单击其中的下拉按钮，在随后弹出的下拉列表中选择"填充效果"，打开"填充效果"对话框。
- 在"图片"选项卡中单击"选择图片"，打开"选择图片"对话框，选择事先准备好的图片，确定后返回"背景"对话框。
- 单击"应用"或"全部应用"按钮就设置好了贺卡背景。

（4）插入文本框，输入字符，设置效果。

- 执行"插入"菜单→"文本框"→"水平"命令，然后在页面上拖拉出一个文本框并输入相应的字符，如"新年快乐！"也可以直接插入艺术字。
- 设置好字体、字号、字符颜色等。
- 选中"文本框"，执行"幻灯片放映"→"自定义动画"命令，展开"自定义动画"任务窗格。
- 单击其中的"添加效果"按钮，在随后展开的下拉菜单中选择"进入"→"其他效果"选项，打开"添加进入效果"对话框，选择一种合适的动画方案（如"棋盘"），确定退出。
- 在"自定义动画"任务窗格中，设置动画的开始方式为"单击时"，方向为"跨越"，速度为"中速"。

（5）插入自选图形。

- 单击"视图"菜单→"工具栏"→"绘图"命令，展开"绘图"工具栏。
- 依次单击工具栏上的"自选图形"→"标注"→"云状标注"选项，然后在幻灯片中拖拉出一个"云形"来。
- 在"云形"标注中输入"Happy New Year to You"（如图 5-8 所示）。
- 单击"添加效果"按钮，选择"强调"→"补色"选项，为"云形"标注添加播放特效，将"速度"设置为"非常慢"。
- 执行"插入"→"图片"→"来自文件"命令，在"选择图片"对话框中选择事先准备好的名为 baby Santa 的挂历图片，单击"插入"按钮。在幻灯片中调整好图片大小，将其定位在贺卡的合适位置上。
- 单击图片工具栏上的"设置透明色"按钮，将挂历图片背景设置成透明效果。
- 仿照上面的操作为图片添加动画。例如：进入效果为"菱形"。
- 单击"自定义动画"任务窗格下面的"播放"按钮可观看播放效果。

图 5-8　通过"自定义动画"设置贺卡的播放特效

（6）设置背景音乐。

- 执行"插入"菜单→"影片和声音"→"文件中的声音"命令，打开"插入声音"对话框。
- 定位到前面准备的音乐文件所在的文件夹，选中相应的音乐文件，确定返回。
- 在随后弹出的对话框中单击"自动"按钮。

1）此时，在幻灯片中出现一个小喇叭图标，将其定位在合适的位置上。

2）插入声音文件后，在"自定义动画"任务窗格中出现一个声音动画选项，按住左键将其拖动到第一项，这样一开始放映幻灯片就会播放音乐。

3）再双击该动画选项，打开"播放声音"对话框，其中有"效果"、"计时"和"声音设置"三个选项卡。切换到"计时"选项卡下，单击"重复"右侧的下拉按钮，在随后弹出的下拉菜单中选择"直到幻灯片末尾"选项，确定返回。

四、实验练习及要求

1. 参照实验内容【示例 1】至【示例 6】，有创意地完成 6 张幻灯片的制作。

2. 设置幻灯片的动画效果

要求：

- 执行"文件"菜单→"新建"命令，在"新建演示文稿"任务窗格中，用"根据内容提示向导"的"销售 / 市场 | 市场计划"向导建立一个演示文稿。
- 从中挑出第 1、3、5、7 张幻灯片。
- 设计幻灯片切换为"溶解"方式。
- 放映方式为"循环放映"。

3. 模拟毕业论文答辩、企业培训讲解或公司产品介绍，制作一组完整的演示文稿。

要求：

- 第一张为标题页，含有主标题和副标题。

- 第二张为目录页，且与后面的章节建立超链接。
- 幻灯片内容要丰富充实、层次清楚、背景美观、图文并茂。
- 幻灯片要采用不同的版式和模板设计，插入各种图片、艺术字、表格、图表及多媒体信息。
- 幻灯片要添加切换效果和动画效果。
- 设置放映方式为"演讲者放映"，放映选项为"循环放映"。

五、实验思考

1．在 PowerPoint 中有几种视图方式，它们适用于何种情况？
2．怎样为幻灯片设置背景和配色方案？
3．在 PowerPoint 中，同一个演示文稿能同时打开两次吗？
4．如何录制旁白和设置放映时间？
5．如何将一个演示文稿安装到另一台未安装 PowerPoint 软件的计算机上去演示？

第二项　幻灯片的高级操作

一、实验目的

1．熟悉幻灯片母版的制作及应用。
2．掌握演示文稿的打包与发布。

二、实验准备

1．准备制作演示文稿的相关素材（文字，图片，声音等）。
2．在某个磁盘（如 E:\）下创建自己的文件夹，命名为"学号_班级_姓名_演示文稿"，用于存放练习文件。

三、实验演示

1．设计幻灯片的母版
【示例 1】
根据需要，自己制作幻灯片的母版。
实验过程与内容：
（1）新建演示文稿，选择"视图→母版→幻灯片母版"命令，打开幻灯片母版视图，如图 5-9 所示。
（2）设置母版字体。
- 选择标题文本框，设置母版标题字体为"华文新魏"，44 号。
- 选择内容文本框，设置内容字体为"楷体_GB2312"，28 号。如图 5-10 所示。
（3）设置幻灯片背景。
- 在幻灯片的空白处，单击鼠标右键，弹出快捷菜单，选择"背景"命令。
- 在"填充效果"对话框中，选择"图案"标签，选择一种图案作为背景，如图 5-11 所示。

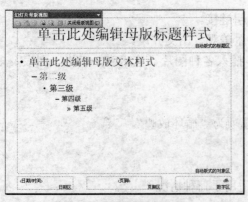
图 5-9 幻灯片母版视图

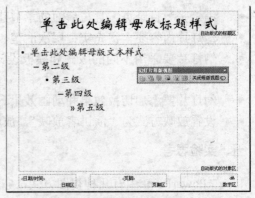
图 5-10 重新设置字体的幻灯片母版

- 单击"确定"按钮，完成幻灯片背景的设置，如图 5-12 所示。

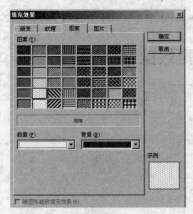
图 5-11 选择"图案"背景

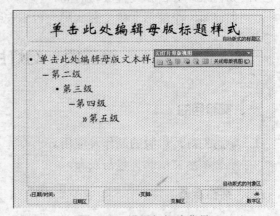
图 5-12 设置幻灯片背景

- 选择幻灯片下端的"页脚区"文本框，在文本框中输入"计算机基础"，设置颜色为红色。

操作提示：

背景还可以设置其他颜色、图片等，结合实际进行设置。

（4）在幻灯片母版中插入对象。

选择"插入→图片→自选图形"菜单命令，或者在工具栏中单击"自选图形"按钮，插入"十字星"。如图 5-13 所示。这样，每一张幻灯片都能出现"十字星"图形。

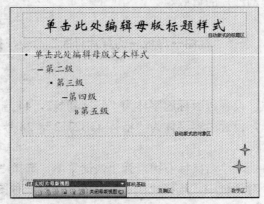
图 5-13 在母版中插入自选图形

操作提示：

在幻灯片母版中插入的对象，只能在母版状态下编辑，其他状态无法对其编辑。

（5）重命名幻灯片母版。

- 在"幻灯片母版视图"的工具栏上，单击"重命名母版"按钮。如图 5-14 所示。
- 弹出"重命名母版"对话框，在"母版名称"文本框中输入"jsj"，如图 5-15 所示。

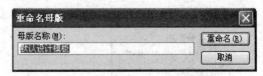

图 5-14　选择"重命名母版"按钮　　　　　　图 5-15　"重命名母版"对话框

- 单击"重命名"按钮，完成命名。

（6）保存幻灯片模板。

选择"文件→另存为…"命令，弹出"对话框"，选择保存类型为"演示文稿设计模板"，默认的保存路径为 Office 安装目录下的 Templates，也可以选择特定的路径（如 E:\）保存模板文件。文件名设为"ppt 实验.pot"，如图 5-16 所示。

图 5-16　"另存为"对话框

（7）关闭母版视图，返回到普通视图，输入文本。如图 5-17 所示。

（8）插入新幻灯片。

插入的幻灯片默认采用设置好的母版版式，如图 5-18 所示。

图 5-17　幻灯片的普通视图　　　　　　　　图 5-18　插入的新幻灯片

2. 演示文稿打包

【示例2】

将"贺卡"演示文稿打包，可以在不启动 PowerPoint 的情况下直接播放演示文稿。

实验过程与内容：

（1）打开"贺卡"演示文稿，选择"文件→打包成（CD）…"命令，如图 5-19 所示，弹出"打包成 CD"对话框（如图 5-20 所示），在"将 CD 命名为"文本框中输入"贺卡 CD"。

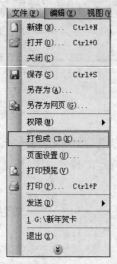

图 5-19　选择"文件→打包成 CD"命令　　　　图 5-20　"打包成 CD"对话框

（2）选择"选项"按钮，打开"选项"对话框，如图 5-21 所示。在对话框中可以设置打开文件和修改文件的密码来保护 PowerPoint 文件，单击"确定"按钮。

（3）在"打包成 CD"对话框中选择"复制到文件夹…"按钮，弹出对话框，单击"浏览"按钮，选择"自己的文件夹"，单击"确定"按钮，将文件复制到此文件夹中。关闭对话框。

（4）打包后的文件夹内容如图 5-22 所示。

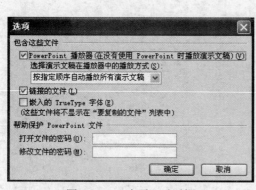

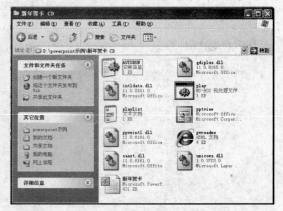

图 5-21　"选项"对话框　　　　　　　图 5-22　打包后的文件夹内容

（5）播放演示文稿。

• 在打包后的文件夹中，用鼠标双击 play 批处理文件，可以直接播放演示文稿。

- 在打包后的文件夹中，用鼠标双击 pptview 文件，在弹出的对话框中，单击"新年贺卡.ppt"，并打开，也可以直接播放演示文稿。

3. 将演示文稿发布为网页

【示例 3】

随着 Internet 技术的发展，在网上发布演示文稿也很有意义。

实验过程与内容：

（1）制作"伦敦奥运会"演示文稿，选择"文件→另存为网页"命令，弹出"另存为"对话框，在"保存类型"下拉列表中选择"单个文件网页"，如图 5-23 所示。

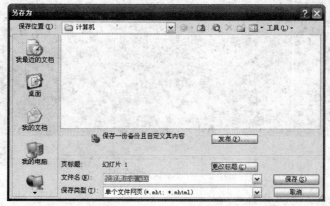

图 5-23 "另存为"对话框

（2）在"文件名"文本框中输入文件名称，在"保存位置"下拉列表中选择保存文件的路径。

（3）默认情况下，网页的标题是演示文稿的标题，如果要更改标题，可以单击"更改标题"按钮，在弹出的对话框中，输入新标题，单击"确定"按钮即可使标题更改成功。

（4）单击"发布"按钮，弹出"发布为网页"对话框，如图 5-24 所示。

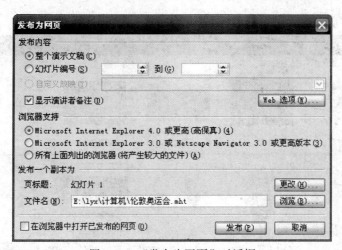

图 5-24 "发布为网页"对话框

（5）单击"发布"按钮，开始发布。

（6）打开"伦敦奥运会.mht"，效果如图 5-25 所示。

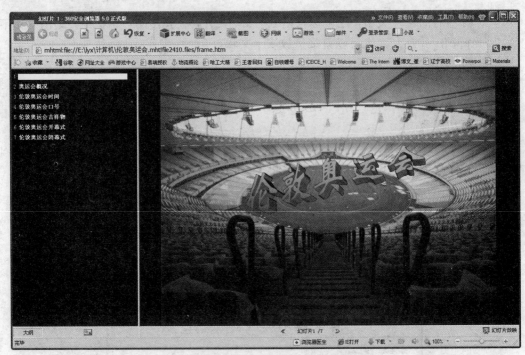

图 5-25　发布后的效果图

4. 制作片头动画和片尾字幕

【示例 4】

在 PowerPoint 中，利用动画效果的制作也可以制作好看的动画。

实验过程与内容：

（1）准备好一张图片，并进行适当的处理。

（2）新建演示文稿，在第一张幻灯片处，选择"插入→图片→来自文件"命令，打开"插入图片对话框"，如图 5-26 所示，选择一张图片，点击"插入"按钮，将图片插入到幻灯片中，如图 5-27 所示。

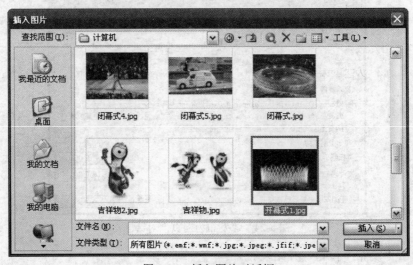

图 5-26　插入图片对话框

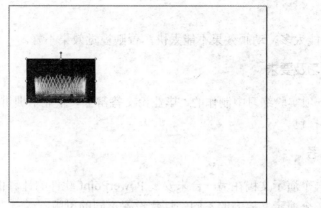

图 5-27　第一章幻灯片

（3）选择图片，单击鼠标右键，在弹出的快捷菜单中，选择"自定义动画"命令，如图 5-28 所示。

（4）在自定义窗格中，选择"添加效果"，设置动画效果为"缓慢进入，自右侧，从上一项之后开始"，如图 5-29 所示。

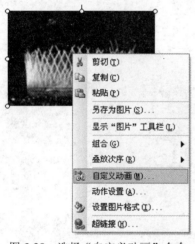

图 5-28　选择"自定义动画"命令　　　　　　图 5-29　动画效果设置

（5）调整图片，将图片放在工作区左侧边缘外。如图 5-30 所示。

图 5-30　将图片移至工作区外

（6）选择"插入→图片→来自文件"命令，插入第二张图片，重复（2）～（4）步骤。

（7）重复后续图片的插入。

操作提示：

片头图片不能太多，动画效果不能太快，否则视觉效果不好。

四、实验练习及要求

1. 将在第一项实验练习中制作的"毕业论文答辩"、"企业培训讲解"或"公司产品介绍"等演示文稿进行打包。

五、实验思考

1. 如何将一个演示文稿在另一台未安装 PowerPoint 软件的计算机上去演示？

2. 如何为一个演示文稿中的不同幻灯片设置不同的母版？

第六章　计算机网络

本章实验的基本要求：

- 学会使用浏览器。
- 能够收发电子邮件。
- 学会使用搜索引擎。
- 了解常用网络下载方式。
- 掌握 IP 协议的配置方法。
- 掌握网络是否连通的测试方法。

第一项　IE 浏览器基本操作

一、实验目的

1. 掌握 Internet Explorer 浏览器的使用方法。
2. 掌握 Internet Explorer 浏览器的常用设置。
3. 掌握如何申请免费电子邮箱。
4. 掌握利用免费电子邮箱收发邮件。

二、实验准备

1. WWW 的概念

WWW 是 World Wide Web 的缩写，可译成"全球信息网"或"万维网"，有时简称 Web。WWW 是由无数的网页组合在一起的，是 Internet 上的一种基于超文本的信息检索和浏览方式，是目前 Internet 用户使用最多的信息查询服务系统。

2. 浏览器（Browser）

在互联网上浏览网页内容离不开浏览器。浏览器实际上是一个软件程序，用于与 WWW 建立连接，并与之进行通信。它可以在 WWW 系统中根据链接确定信息资源的位置，并将用户感兴趣的信息资源显示出来，对 HTML 文件进行解释，然后将文字、图像或者多媒体信息还原出来。

现在大多数用户使用的是微软公司提供的 IE 浏览器（Internet Explorer 简称 IE），当然还有其他一些浏览器，如 Netscape Navigator、Mosaic、Opera，近年来发展迅猛的火狐狸浏览器等，以及国内厂商开发的浏览器，如腾讯 TT 浏览器、傲游浏览器（Maxthon Browser）等。

3. 电脑及互联网

三、实验演示

1. 用 IE 浏览器浏览 Web 网页

实验过程与内容：

（1）双击桌面上的 IE 浏览器的图标，或单击"开始"按钮，在"开始"菜单中选择 Internet Explorer 命令，即可打开 Microsoft Internet Explorer 窗口。

（2）在地址栏中输入要浏览的 Web 站点的 URL 地址（统一资源地址），可以打开其对应的 Web 主页，如图 6-1 所示。

图 6-1　Microsoft Internet Explorer 窗口

操作提示：

URL 地址（统一资源地址），是 Internet 上 Web 服务程序中提供访问的各类资源的地址，是 Web 浏览器寻找特定网页的必要条件。每个 Web 站点都有唯一的一个 Internet 地址，简称为网址，其格式都应符合 URL 格式的约定。

（3）在打开的 Web 网页中，常常会有一些文字、图片、标题等，将鼠标放到其上面，鼠标指针会变成👆形，这表明此处是一个超链接。单击该超链接，即可进入其所指向的新的 Web 页。

（4）在浏览 Web 页中，若用户想回到上一个浏览过得 Web 页，可单击工具栏上的"后退"按钮 ；若想转到下一个浏览过的 Web 页，可单击"前进"按钮 。

2. 使用"收藏夹"快速打开站点

操作提示：

若用户想快速打开某个 Web 站点，可单击地址栏右侧的小三角，在其下拉列表中选择该 Web 站点地址即可，或者使用"收藏夹"来完成。

实验过程与内容：

（1）单击工具栏上的"收藏"→"添加到收藏夹"命令，弹出的如图 6-2 所示的"添加到收藏夹"对话框。

（2）在"名称"框中输入 Web 站点地址，单击"确定"按钮，将该 Web 站点地址添加到收藏夹中。

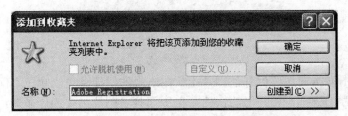

图 6-2 "添加到收藏夹"对话框

（3）若要打开该 Web 站点，只需单击工具栏上的"收藏夹"按钮 <img>收藏夹，打开"收藏夹"窗格，在其中单击该 Web 站点地址，或单击"收藏夹"菜单，在其下拉菜单中选择该 Web 站点地址即可快速打开该 Web 网页。

操作提示：

直接按 Ctrl+D 快捷键，可快速将当前 Web 网页保存到收藏夹中。在地址栏中输入 Web 网站地址时，输入中间的单词后，按 Ctrl+Enter 键可自动添加 http://www 和 .com。

3. 脱机阅读 Web 网页

操作提示：

脱机阅读就是将 Web 网页下载到本地硬盘上，然后断开与 Internet 的链接，直接通过硬盘阅读 Web 网页。对于一些有用的或想作为资料使用的 Web 网页，用户也可通过脱机阅读功能将其保存到硬盘上，供以后参考使用。

实验过程与内容：

（1）打开要脱机阅读的 Web 网页。

（2）单击"文件"→"另存为"命令，打开"保存网页"对话框，如图 6-3 所示。

图 6-3 "保存网页"对话框

（3）在该对话框中，用户可设置要保存的位置、名称、类型及编码方式。

（4）设置完毕后，单击"保存"按钮即可将该 Web 网页保存到指定位置。

（5）双击该 Web 网页，即可启动 IE 浏览器，进行脱机阅读。

4. 保存 Web 网页中的精美图片

实验过程与内容：

（1）打开该 Web 网页。

（2）将鼠标指针指向想要保存的图片上，在出现的快捷菜单上单击"保存此图像"图标
🖫，或右击要保存的图片，在弹出的快捷菜单中选择"图片另存为"命令，将弹出"保存图
片"对话框，如图 6-4 所示。

图 6-4　"保存图片"对话框

（3）在该对话框中用户可设置图片的保存位置、名称及保存类型等。设置完毕后，单击
"保存"按钮即可。

操作提示：

右击 Web 网页中的图片，在弹出的快捷菜单中选择"设置为背景"命令，可以直接将该
图片设置为桌面背景。

5. 将图片发送给其他人

实验过程与内容：

（1）打开该网页。

（2）将鼠标指向要发送的图片，在出现的快捷菜单中单击"在电子邮件中发送此图像"
图标 🖂，或右击该图片，在弹出的快捷菜单中选择"电子邮件图片"命令。

（3）将弹出"通过电子邮件发送照片"对话框，如图 6-5 所示。

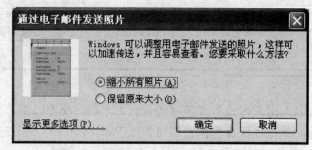

图 6-5　"通过电子邮件发送照片"对话框

（4）在该对话框中用户可选择发送图片的尺寸，设置完毕后，单击"确定"按钮即可通过 Outlook 电子邮件发送软件发送到指定的地址。

6. 查看历史纪录

实验过程与内容：

（1）启动 IE 浏览器。

（2）单击工具栏上的"历史"按钮 🕘 ，或选择"查看"→"浏览器栏"→"历史纪录"命令，或按 Ctrl+H 快捷键，打开"历史记录"窗格，如图 6-6 所示。

打开"历史记录"窗格

图 6-6　打开"历史记录"窗格

（3）在该窗格中用户可看到这一段时间内所访问过的 Web 站点。单击"查看"按钮，在其下拉菜单中用户可选择按日期查看、按站点查看、按访问次数或按今天的访问顺序查看。单击"搜索"按钮，可对 Web 页进行搜索。

7. 查看 Web 网页的源文件

用户所看到的各种设计精美的 Web 网页，其实都是使用 HTML 语言编写的。HTML（HyperText Markup Language）就是超文本描述语言。在 Internet 上几乎所有的 Web 网页都是使用这种语言所编写的。

实验过程与内容：

（1）启动 IE 浏览器。

（2）打开要查看其源文件的 Web 网页。

（3）选择"查看"→"源文件"命令，即可在弹出的"记事本"窗口中查看该网页的源文件信息。如图 6-7 显示了某 Web 网页与其源文件的对比。

8. 改变 Web 网页的文字大小

在打开的 Web 网页中，默认显示的文字大小是以中号字显示的，用户也可以更改文字显示的大小，使其浏览更符合用户的阅览习惯。

实验过程与内容：

（1）启动 IE 浏览器。

（2）打开 Web 网页。

（3）单击工具栏上的"字体"按钮 🅰 ，在其下拉菜单中选择合适的字号，或选择"查看"→"文字大小"命令，在其下一级子菜单中选择合适的字号。

（4）设置完毕后，按 F5 键刷新屏幕即可。

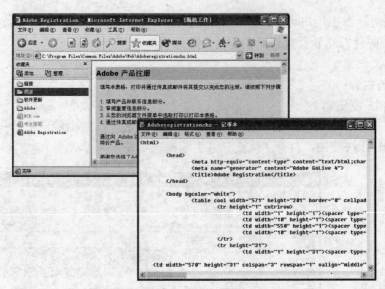

图 6-7　某 Web 网页与其源文件的对比

9. 解决显示乱码问题

在用户浏览 Web 网页的过程中，可能会遇到这样的问题，有些打开的网页所显示的并不是正常的文字，而是一段段的乱码，如图 6-8 所示。

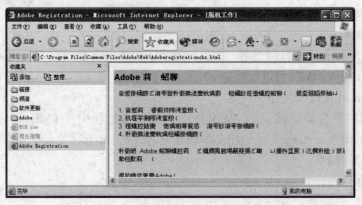

图 6-8　以乱码显示的 Web 网页

这是因为使用了不同的编码方式造成的，用户可执行下列步骤使其恢复正常显示。

实验过程与内容：

（1）打开该乱码显示的 Web 网页。

（2）选择"查看"→"编码"命令，在其下一级子菜单中选择合适的编码方式即可。若用户不知道应选择哪种编码方式，也可选中"自动选择"命令，让其自动选择合适的编码方式。

10. 同步更新脱机 Web 页

对于下载的脱机网页，用户还可以将其设置为在以后上网时自动同步更新为 Internet 上最新的内容。

实验过程与内容：

（1）打开要同步的脱机 Web 页。

（2）选择"工具"→"同步"命令，打开"要同步的项目"对话框，如图 6-9 所示。

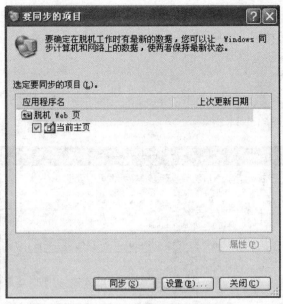

图 6-9　"要同步的项目"对话框

（3）在该对话框中，用户可在"选定要同步的项目"列表中，选定要同步的项目。若选择"脱机 Web 页"选项，则同步选定脱机网页；若选择"当前主页"选项，则同步更新活动桌面。

（4）单击"设置"按钮，打开"同步设置"对话框，如图 6-10 所示。

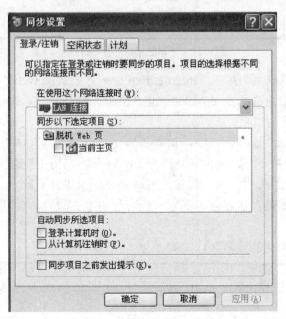

图 6-10　"同步设置"对话框

（5）在该对话框中的"在使用这个网络链接时"下拉列表中选择"拨号连接"选项；在"同步以下选定项目"列表框中选择要同步的项目；在"启动同步所选项目"选项组中，用户可选择"登录计算机时"或"从计算机注销时"同步所选项目；若选中"同步项目之前发出提示"复选框，则在同步项目之前会通知用户。

（6）设置完毕后，单击"应用"和"确定"按钮即可回到"要同步的项目"对话框。

（7）单击"同步"按钮，即可开始同步更新所选项目。

11. 设置 IE 浏览器的主页及历史记录

实验过程与内容：

（1）在"控制面板"窗口中，双击"Internet 选项"图标，打开"Internet 属性"对话框，单击"常规"选项卡，如图 6-11 所示。

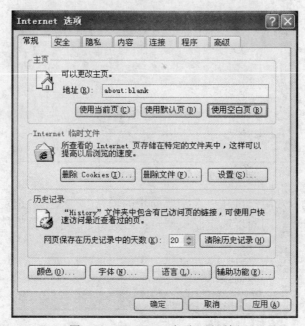

图 6-11　"Internet 选项"对话框

（2）单击"使用默认页"按钮，Internet Explorer 将把默认 Web 页作为主页。单击"使用空白页"按钮，将以空白页作为主页。如果单击"使用当前页"按钮，则将当前 Internet Explorer 窗口中打开的 Web 页作为主页。

（3）在"历史记录"选项区域中，调整"历史记录"选项区域中的微调器，可改变网页保存在历史记录中的天数，例如将其值调整为 20，网页将在历史记录中保存 20 天，20 天后将被自动删除。单击"清除历史纪录"按钮，可对历史纪录进行清除。

若用户对 IE 浏览器的默认设置不满意，也可以更改其设置，使其更符合用户的个人使用习惯。

12. 更改启动 IE 浏览器时的默认主页

在启动 IE 浏览器的同时，IE 浏览器会自动打开其默认主页，通常为 Microsoft 公司的主页。其实用户也可以自己设定在启动 IE 浏览器时打开其他的 Web 网页，具体设置可参考以下步骤。

实验过程与内容：

（1）启动 IE 浏览器。

（2）打开要设置为默认主页的 Web 网页。

（3）选择"工具"→"Internet 选项"命令，打开"Internet 选项"对话框，选择"常规"选项卡，如图 6-11 所示。

（4）在"主页"选项组中的单击"使用当前页"按钮，可将启动 IE 浏览器时打开的默认主页设置为当前打开的 Web 网页；若单击"使用默认页"按钮，可在启动 IE 浏览器时打开的默认主页；若单击"使用空白页"按钮，可在启动 IE 浏览器时不打开任何网页。

注意：用户也可以在"地址"文本框中直接输入某 Web 网站的地址，将其设置为默认的主页。

13. 设置历史记录的保存时间

在 IE 浏览器中，用户只要单击工具栏上的"历史"按钮就可查看所有浏览过的网站的记录，长期下来历史记录会越来越多。这时用户可以在"Internet 选项"对话框中设定历史记录的保存时间，这样一段时间后，系统会自动清除这一段时间的历史记录。

实验过程与内容：

（1）启动 IE 浏览器。

（2）选择"工具"→"Internet 选项"命令，打开"Internet 选项"对话框。

（3）选择"常规"选项卡。

（4）在"历史记录"选项组的"网页保存在历史记录中的天数"文本框中输入历史记录的保存天数即可。

（5）单击"清除历史记录"按钮，可清除已有的历史记录。

（6）设置完毕后，单击"应用"和"确定"按钮即可。

14. 进行 Internet 安全设置

Internet 的安全问题对很多人来说并不陌生，但是真正了解它并引起足够重视的人却不多。其实在 IE 浏览器中就提供了对 Internet 进行安全设置的功能，用户使用它就可以对 Internet 进行一些基础的安全设置。

实验过程与内容：

（1）启动 IE 浏览器。

（2）选择"工具"→"Internet 选项"命令，打开"Internet 选项"对话框。

（3）选择"安全"选项卡，如图 6-12 所示。

图 6-12　"安全"选项卡

（4）在该选项卡中用户可为 Internet 区域、本地 Intranet（企业内部互联网）、受信任的站点及受限制的站点设定安全级别。

（5）若用户要对 Internet 区域及本地 Intranet（企业内部互联网）设置安全级别，可选中"请为不同区域的 Web 内容指定安全级别"列表框中相应的图标。

（6）在"该区域的安全级别"选项组中单击"默认级别"按钮，拖动滑块既可调整默认的安全级别。

（7）若用户要自定义安全级别，可在"该区域的安全级别"选项组中单击"自定义级别"按钮，将弹出"安全设置"对话框，如图 6-13 所示。

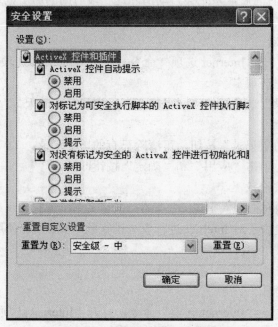

图 6-13　"安全设置"对话框

（8）在该对话框中的"设置"列表框中用户可对各选项进行设置。在"重置自定义设置"选项组中的"设置为"下拉列表中选择安全级别，单击"重置"按钮，即可更改为重新设置的安全级别。这时将弹出"警告"对话框，如图 6-14 所示。

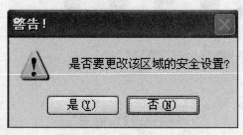

图 6-14　"警告"对话框

（9）若用户确定要更改该区域的安全设置，单击"是"按钮即可。

（10）若用户要设置受信任的站点和受限制的站点的安全级别，可单击"请为不同区域的 Web 内容指定安全级别"列表框中相应的图标。单击"站点"按钮，将弹出"可信站点"→"受限站点"对话框，如图 6-15 所示。

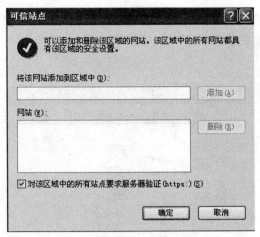

图 6-15　"可信站点"对话框

（11）在该对话框中，用户可在"将该网站点添加到区域中"文本框中输入可信/受限站点的网址，单击"添加"按钮，即可将其添加到"网站点"列表框中。选中某 Web 站点的网址，单击"删除"按钮，可将其删除。

（12）设置完毕后，单击"确定"按钮即可。

（13）参考（6）~（9）步，对可信|受限站点设置安全级别即可。

注意：同一站点类别中的所有站点，均使用同一安全级别。

15. 设置隐私

在 Internet 浏览过程中，用户要注意保护自己的隐私，对于自己的个人信息不要轻易让他人获得。通过 IE 浏览器，用户可以进行隐私保密策略的设置。

实验过程与内容：

（1）启动 IE 浏览器。

（2）选择"工具"→"Internet 选项"命令，打开"Internet 选项"对话框。

（3）选择"隐私"选项卡，如图 6-16 所示。

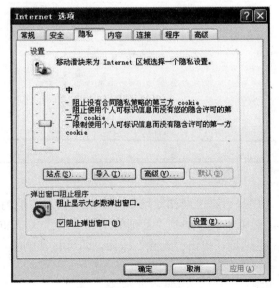

图 6-16　"隐私"选项卡

（4）在该选项卡的"设置"选项组中，用户可以拖动滑块，设置隐私的保密程度。单击"导入"按钮，可导入 IE 的隐私首选项；单击"高级"按钮，可打开"高级隐私策略设置"对话框，如图 6-17 所示。

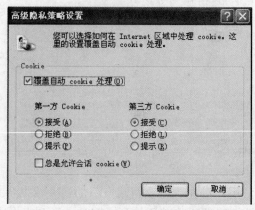

图 6-17　"高级隐私策略设置"对话框

（5）在该对话框中，用户可对隐私信息进行高级设置。设置完毕后，单击"确定"按钮即可。

（6）单击"默认"按钮，可使用默认的隐私策略设置。

（7）在"Web 站点"选项组中，单击"编辑"按钮，可打开"每站点的隐私操作"对话框，如图 6-18 所示。

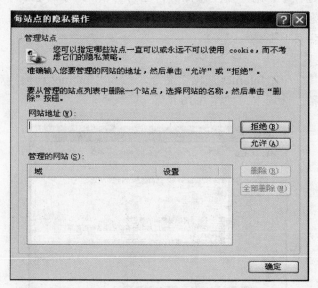

图 6-18　"每站点的隐私操作"对话框

（8）在该对话框中，用户可在"网站地址"文本框中输入要拒绝|允许使用 Cookie，单击"拒绝"/"允许"按钮，即可将其添加到"管理的 Web 站点"列表框中。选择"管理的 Web 站点"列表框中的某个站点地址，单击"删除"按钮，即可将其删除，若要全部删除，可单击"全部删除"按钮。

（9）设置完毕后，单击"确定"按钮即可。

16. 申请免费电子邮箱

目前，国际、国内的很多网站都提供了各有特色的电子邮箱服务，而且均有收费和免费版本。比较著名的有：HotMail（username@hotmail.com）、新浪（username@sina.com.cn）、搜狐（username@sohu.com）、首都在线（username@263.net）、网易（username@163.com）等。以下步骤以"网易"的邮箱申请为例。

实验过程与内容：

（1）登录到网易的网站主页，单击"注册免费邮箱"，如图 6-19 所示。

图 6-19　"网易"主页

（2）打开注册网易免费邮箱网页，如图 6-20 所示，选择"注册字母邮箱"（也可选择"注册手机号码邮箱"和"注册 vip 邮箱"，其中 vip 邮箱是付费邮箱），填入你喜欢的邮箱地址名称（只能填字母数字和下划线，确保不和他人重复，如有重复系统会自动提示），再输入密码和验证码，单击"立即注册"即可。

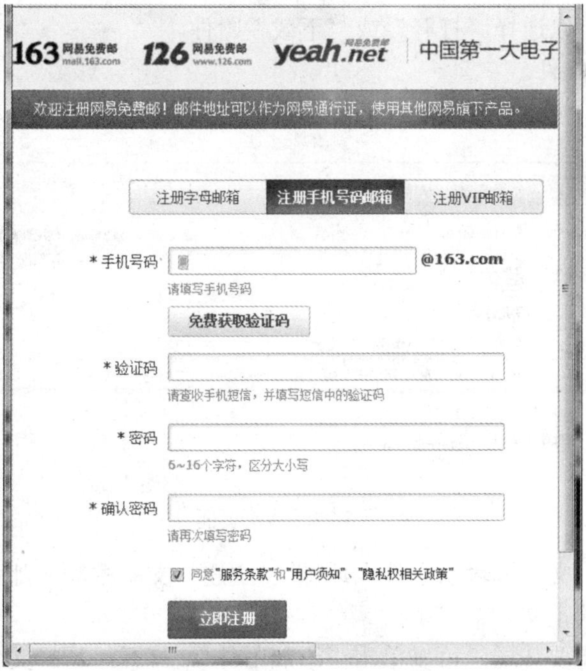

图 6-20　注册网易免费邮箱网页

（3）随后可以看到注册成功，以后就可以用此邮箱名和你设定好的密码登录你自己的网易邮箱了。

17. 使用免费电子邮箱收发 E-mail

实验过程与内容：

（1）进入网易首页，选择页面顶部的登录，填入邮箱名和密码，进入"电子邮箱"主页。

（2）接收邮件。

- 单击"收信"按钮→"收件箱"，可以查看收件箱中接收的所有邮件的发件人、主题、时间等信息，如图 6-21 所示。

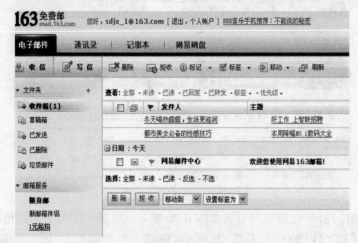

图 6-21　收件箱页面

- 单击邮件"主题"，查看邮件内容。
- 对有附件的邮件，在"主题"右侧有一个图形标志 📎 ，单击此标志，可以查看附件标题，然后可以选择"打开"或"下载"附件。

（3）编辑并发送邮件。

- 单击"写信"按钮，进入邮件的编辑窗口，如图 6-22 所示。

图 6-22　写信页面

- 在"收件人"文本框输入收件人地址，"主题"文本框输入邮件的主题，在邮件编辑区输入邮件的正文。
- 如果有文件需要传送，可以单击"添加附件"，打开"选择文件"对话框，选择作为附件的文件，单击"打开"。

- 单击"发送"按钮，如果成功，则会出现"邮件发送成功"的系统提示。

第二项 搜索引擎的使用

一、实验目的

1. 掌握搜索引擎的使用。
2. 了解常用的网络下载方式，并能熟练使用一种下载软件。

二、实验准备

1. 了解搜索引擎

搜索引擎（Search Engine）是 Internet 上具有查询功能的网页的统称，是开启网络知识殿堂的钥匙，获取知识信息的工具。随着网络技术的飞速发展，搜索技术的日臻完善，中外搜索引擎已广为人们熟知和使用。任何搜索引擎的设计，均有其特定的数据库索引范围、独特的功能和使用方法，以及预期的用户群指向。它是一些网络服务商为网络用户提供的检索站点，它收集了网上的各种资源，然后根据一种固定的规律进行分类，提供给用户进行检索。互联网上信息量十分巨大，恰当地使用搜索引擎可以帮助我们快速找到自己需要的信息。

2. 常用的中文搜索引擎

Google 搜索引擎（http://www.google.cn）、百度中文搜索引擎（http://www.baidu.com）、网易搜索引擎（http://www.163.com）等。

三、实验演示

1. 使用"百度"搜索引擎查找资料

实验过程与内容：

（1）打开"百度"主页，如图 6-23 所示。

（2）在搜索文本框中输入查询内容。

（3）按一下回车键（Enter），或者用鼠标单击"百度搜索"按钮，即可得到相关资料。百度会提供符合全部查询条件的资料，并把最相关的网页排在前列。

但输入搜索关键词时，"百度"有如下一些特点：

（1）输入的查询内容可以是一个词语、多个词语或一句话。例如：可以输入"李白"、"歌曲下载"、"蓦然回首，那人却在灯火阑珊处。"等。

（2）百度搜索引擎严谨认真，要求搜索词"一字不差"。例如：分别使用搜索关键词"核心"和"何欣"，会得到不同的结果。因此在搜索时，可以使用不同的词语。

（3）如果需要输入多个词语搜索，则输入的多个词语之间用一个空格隔开，可以获得更精确的搜索结果。

（4）使用"百度"搜索时不需要使用符号"AND"或"+"，百度会在多个以空格隔开的词语之间自动添加"+"。

（5）使用"百度"搜索可以使用减号"-"，但减号之前必须输入一个空格。这样可以排除含有某些词语的资料，有利于缩小查询范围，有目的地删除某些无关网页。

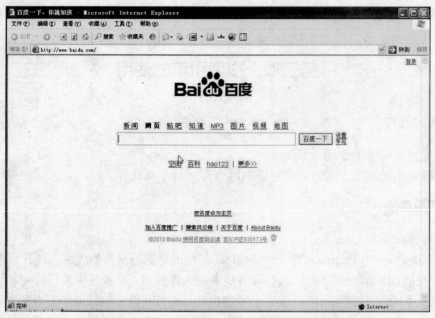

图 6-23　百度搜索引擎主页

例如，要搜寻关于"武侠小说"，但不含"古龙"的资料，可使用如下查询："武侠小说 –古龙"

（6）并行搜索：使用"A|B"来搜索"或者包含词语 A，或者包含词语 B"的网页。

例如：您要查询"图片"或"写真"的相关资料，无须分两次查询，只要输入"图片|写真"搜索即可。百度会提供与"|"前后任何字词相关的资料，并把最相关的网页排在前列。

（7）相关检索：如果您无法确定输入什么词语才能找到满意的资料，可以使用百度相关检索。即先输入一个简单词语搜索，然后，百度搜索引擎会提供"其他用户搜索过的相关搜索词语"作参考。这时单击其中的任何一个相关搜索词，都能得到与那个搜索词相关的搜索结果。

（8）百度快照：百度搜索引擎已先预览各网站，拍下网页的快照，为用户贮存大量的应急网页。单击每条搜索结果后的"百度快照"，可查看该网页的快照内容。

百度快照不仅下载速度极快，而且搜索用的词语均已用不同颜色在网页中标明。

2．使用 Google 搜索引擎

（1）打开 Google 主页，如图 6-24 所示。

（2）Google 查询简洁方便，仅需输入查询内容并敲一下回车键（Enter）（或者单击视窗内的"Google 搜索"按钮）即可得到相关资料。

（3）Google 对查询要求"一字不差"。例如：对"贵宾饭店"的搜索和"贵宾酒店"的搜索，会出现不同的结果。因此在搜索时，可以试用不同的关键词。

（4）Google 查询时不需要使用 AND，因为 Google 会在关键词之间自动添加"AND"。Google 提供符合全部查询条件的网页。如果想逐步缩小搜索范围，只需输入更多的关键词。例如：想去庐山度假，只需在搜索框中输入"庐山度假"，然后单击"Google 搜索"按钮即可，而不必输入"庐山 and 度假"。

（5）有时查询会得到过多的结果，为得到最实用的资料，需要进一步缩小查询。这就是"缩小搜索"或"在结果中搜索"。只要输入更多的关键词，筛选查询出来的资料，或者在想删除的内容前加上减号"-"（切记要在减号前留一个空格位），即可缩小搜索范围。

图 6-24 Google 搜索引擎主页

（6）为提供最准确的资料，Google 不使用"词干法"，也不支持"通配符"（*）搜索。也就是说 Google 只搜索完全一样的字词。例如：查询"googl"或"googl*"，不会得到类似"googler"或"googlin"的结果。

（7）Google 搜索不区分英文字母大小写。所有的字母均当做小写处理。

3. 安装"迅雷"下载工具

实验过程与内容：

（1）到迅雷官方网站上下载迅雷的最新版本——迅雷 7，然后按照系统提示进行安装。就安装过程来说，迅雷 7 和其他应用软件的安装类似，只要按照安装向导进行操作即可。另外需要注意的是，安装过程中迅雷 7 还捆绑了百度工具栏，但用户可以自行设置是否安装它。安装步骤如图 6-25 至 6-28 所示。

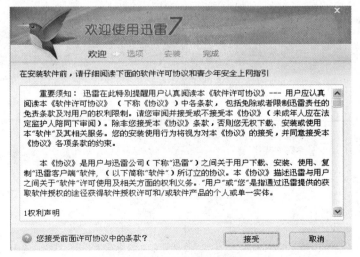

图 6-25 迅雷 7 安装许可协议

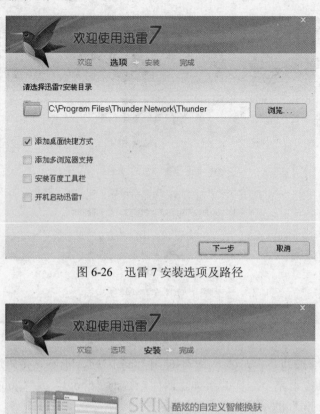

图 6-26　迅雷 7 安装选项及路径

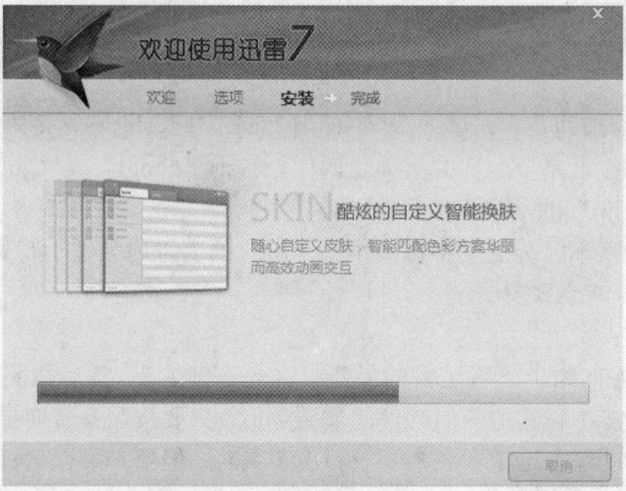

图 6-27　迅雷 7 安装进度

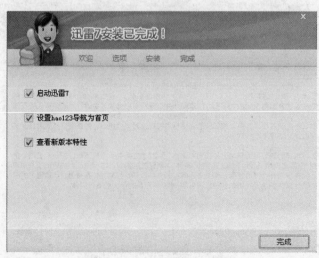

图 6-28　迅雷 7 安装完成画面

（2）安装完成后，用户可以通过单击桌面上的图标或单击"开始"→"所有程序"→"迅雷"→"启动迅雷 7"菜单项来启动迅雷 7，其工作界面如图 6-29 所示。

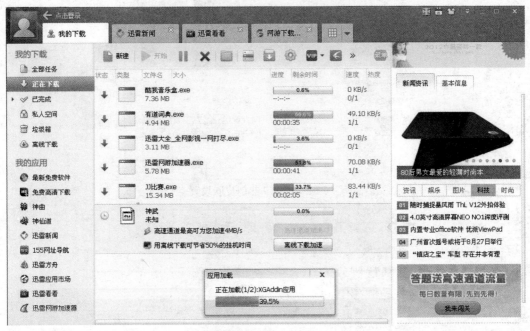

图 6-29 迅雷 7 主界面

（3）用户首次使用迅雷时，迅雷 7 会弹出设置向导，以便引导用户对迅雷 7 进行常规设置。其中包括"存储目录"、"热门皮肤"、"精品应用"、"特色功能"、"网络测试"等几项，用户可按照图 6-30 至图 6-34 完成设置。

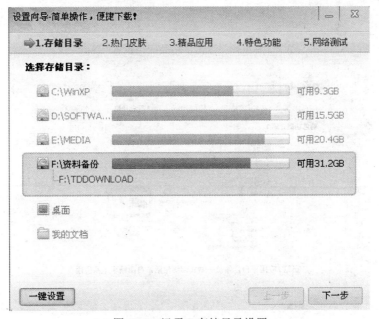

图 6-30 迅雷 7 存储目录设置

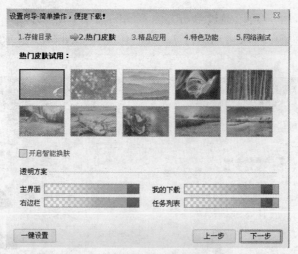

图 6-31　迅雷 7 热门皮肤设置

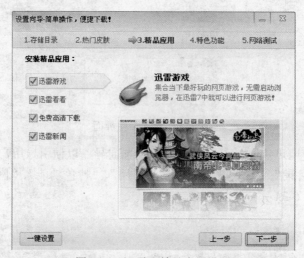

图 6-32　迅雷 7 精品应用设置

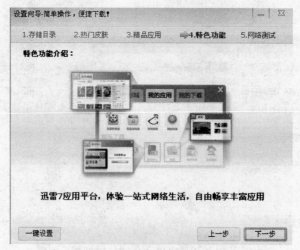

图 6-33　迅雷 7 特色功能设置

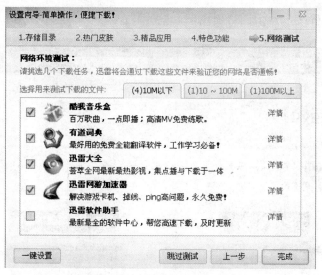

图 6-34　迅雷 7 网络测试

4. 使用迅雷下载 MP3 歌曲

实验过程与内容：

（1）首先在迅雷的资源搜索窗口输入想要查找的 MP3 歌曲的名字，如歌曲"千里之外"，如图 6-35 所示。

图 6-35　利用迅雷搜索待下载资源

（2）单击 🔍 按钮进行查找，查找结果如图 6-36 所示。

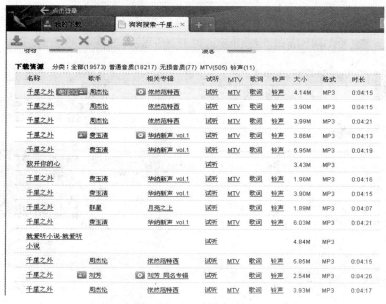

图 6-36　迅雷搜索结果

（3）在需要的资源上左击，将弹出图 6-37 窗口：

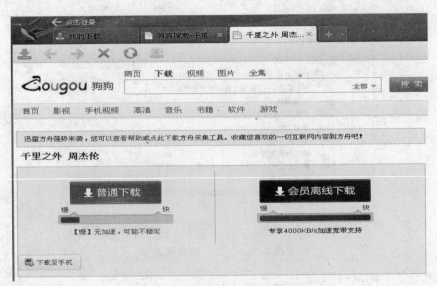

图 6-37　相应资源的下载链接窗口

　　（4）单击"普通下载"按钮，将弹出"建立新的下载任务"对话框。在该对话框中单击"浏览"按钮可以重新设置文件下载后保存的路径，用户还可以在"另存名称"文本框中重新没置文件的名称。"建立新的下载任务"对话框如图 6-38 所示。

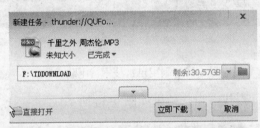

图 6-38　迅雷"建立新的下载任务"对话框

　　（5）设置结束，单击"确定"按钮就可以开始下载，如图 6-39 所示。

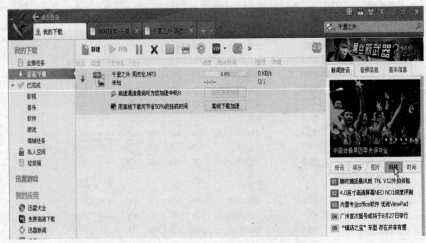

图 6-39　迅雷任务下载信息显示窗口

5. 使用迅雷下载 RealPlayer 软件

实验过程与内容：

● 使用迅雷下载单个文件。

（1）利用搜索引擎找到 RealPlayer 的下载区，在某一下载链接上单击鼠标右键，在弹出的快捷菜单中选择"使用迅雷下载"菜单项，如图 6-40 所示。

图 6-40 快捷菜单中选择"使用迅雷下载"菜单项

（2）启动迅雷并弹出"建立新的下载任务"对话框，在该对话框中设置好文件下载的保存位置，然后单击"确定"按钮即可开始下载。

● 下载多个文件。

（1）在下载文件的超链接上单击鼠标右键，在弹出的快捷菜单中选择"使用迅雷下载全部链接"菜单项，弹出"选择要下载的 URL"对话框，如图 6-41 所示。

图 6-41 "选择要下载的 URL"对话框

（2）在该对话框中单击"筛选"按钮弹出"扩展选择"对话框。如图 6-42 所示。

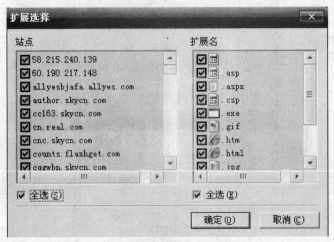

图 6-42　"扩展选择"对话框

（3）在该对话框中的"站点"选项组中选中需要下载文件的站点，在"文件扩展名"选项组中选中要下载文件的扩展名复选框，然后单击"确定"按钮，弹出"建立新的下载任务"对话框，设置好下载文件的存储目录和名称后单击"确定"按钮即可下载。

四、实验练习及要求

1. 申请一个免费的电子邮箱。
2. 使用免费邮箱将 Word、Excel 的综合大作业发送给任课教师。
3. 使用迅雷下载一首 MP3 格式的奥运歌曲。

五、实验思考

1. 每次访问 Internet 时，如何避免重复输入密码？
2. 为什么要把 E-mail 附件保存到磁盘中？
3. 什么类型的文件可以作为 E-mail 附件？

第七章　程序设计初步

本章实验的基本要求：

- 熟悉结构化程序设计的基本思想。
- 掌握程序的三种基本结构。
- 学会程序算法的设计及表示方法。
- 掌握两种流程图的绘制方法。

一、实验目的

1. 掌握程序算法的基本概念。
2. 应用结构化程序设计方法分析问题、设计算法。
3. 掌握用流程图表示算法。

二、实验准备

安装了 Windows 操作系统的多媒体电脑一台。

在某个磁盘（如 E:\）下创建自己的文件夹，命名为"学号_班级_姓名_Access"，用于存放练习文件。

三、实验演示

1. 顺序结构

【示例 1】

编写一个算法，要求从键盘上任意输入一个长方体的长 a、宽 b、高 c，在显示器上显示出这个长方体的体积 v。

实验过程与内容：

（1）设计算法。

步骤 1：从键盘上任意输入三个数，分别给长方体的长 a、宽 b、高 c 赋值。

步骤 2：用公式计算体积，即 a*b*c→v。

步骤 3：将 v 的值输出。

（2）N-S 流程图表示算法。

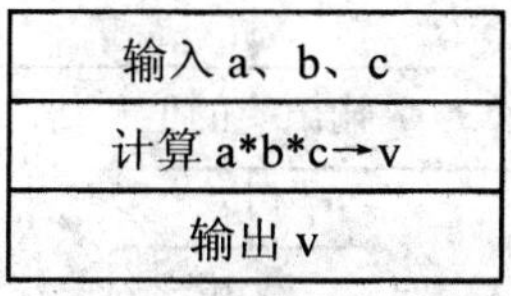

输入 a、b、c
计算 a*b*c→v
输出 v

图 7-1　示例 1 的 N-S 结构流程图

（3）传统流程图表示算法。

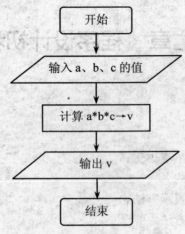

图 7-2　示例 1 的传统流程图

【示例 2】

编写算法，要求从键盘上任意输入一个大写字母，在显示器上显示出对应的小写字母。

实验过程与内容：

（1）设计算法。

设输入的大写字母保存在变量 c 中，对应的小写字母保存在变量 d 中。

步骤 1：从键盘上任意输入一个大写字母，给变量 c 赋值。

步骤 2：将大写字母转换成小写字母，即 c+32→d。

步骤 3：将 d 的值输出。

（2）N-S 流程图表示算法。

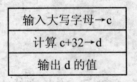

图 7-3　示例 2 的 N-S 结构流程图

（3）传统流程图表示算法。

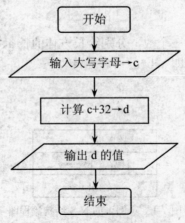

图 7-4　示例 2 的传统流程图

【示例 3】

编写算法，要求从键盘上任意输入两个整数 x 和 y，并将两个整数 x 和 y 的值互换。

实验过程与内容：

（1）设计算法。

算法一：借助第三个变量 t，将两个变量 x 和 y 的值互换。

步骤 1：从键盘上任意输入两个整数，分别给变量 x 和 y 赋值。

步骤 2：使 x→t。

步骤 3：使 y→x。

步骤 4：使 t→y。

算法二：不借助第三个变量，将两个变量 x 和 y 的值互换。

步骤 1：从键盘上任意输入两个整数，分别给变量 x 和 y 赋值。

步骤 2：使 x+y→x。

步骤 3：使 x-y→y。

步骤 4：使 x-y→x。

（2）N-S 流程图表示算法。

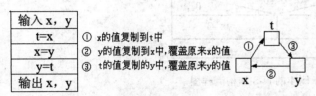

图 7-5 示例 3 算法一的 N-S 结构流程图　　　　图 7-6 示例 3 算法二的 N-S 结构流程图

（3）传统流程图表示算法。

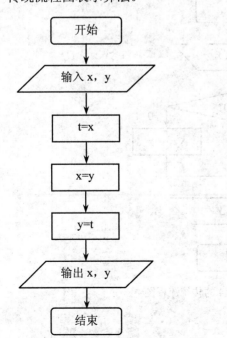
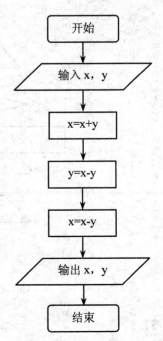

图 7-7 示例 3 算法一的传统流程图　　　　图 7-8 示例 3 算法二的传统流程图

2．选择结构

【示例4】

编写一个算法，要求从键盘上任意输入一个数 x，按照 x 与 y 对应的关系计算 y 值，并在显示器上显示出 y 的值。

$$y=\begin{cases} x^2+1 & (x \leqslant 0) \\ x^5-3 & (x > 0) \end{cases}$$

实验过程与内容：

（1）设计算法。

步骤1：从键盘上任意输入一个数，给 x 赋值。

步骤2：如果 x≤0 成立，则计算 x2+1→y，转到步骤4。

步骤3：如果 x≤0 不成立；则计算 x5-3→y，转到步骤4。

步骤4：将 y 值输出。

（2）N-S 流程图表示算法。

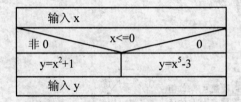

图 7-9　示例 4 的 N-S 结构流程图

（3）传统流程图表示算法。

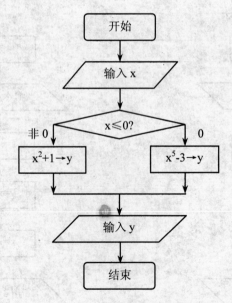

图 7-10　示例 4 的传统流程图

【示例5】

编写算法，任意输入三个整数 a、b、c，按由小到大的顺序输出。

实验过程与内容：

（1）设计算法。

步骤 1：从键盘上任意输入三个数，分别给 a、b、c 赋值。

步骤 2：如果 a>b 成立，则 a、b 的值互换。

步骤 3：如果 a>c 成立；则 a、c 的值互换。

步骤 4：如果 b>c 成立；则 b、c 的值互换。

步骤 5：输出 a、b、c 的值。

（2）N-S 流程图表示算法。

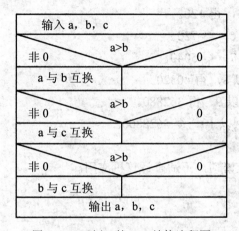

图 7-11　示例 5 的 N-S 结构流程图

（3）传统流程图表示算法。

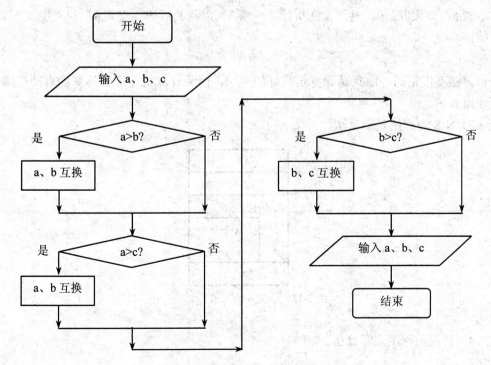

图 7-12　示例 5 的传统流程图

3. 循环结构

【示例6】

编写算法，求 10!。

实验过程与内容：

（1）最原始算法设计。

步骤 1：先求 1×2，得到结果 2。

步骤 2：将步骤 1 得到的乘积 2 乘以 3，得到结果 6。

步骤 3：将 6 再乘以 4，得 24。

步骤 4：将 24 再乘以 5，得 120。

步骤 5：将 120 再乘以 6，得 720。

步骤 6：将 720 再乘以 7，得 5040。

步骤 7：将 5040 再乘以 8，得 40320。

步骤 8：将 40320 再乘以 9，得 362880。

步骤 9：将 362880 再乘以 10，得 3628800。

提示：

该算法虽然正确，但太繁琐，不适合计算机应用。

（2）改进的算法设计。

步骤 1：使 1→t。

步骤 2：使 2→i。

步骤 3：使 t×i，乘积仍然放在在变量 t 中，可表示为 t×i→t。

步骤 4：使 i 的值+1，即 i+1→i。

步骤 5：如果 i≤10，返回重新执行"步骤 3"以及其后的"步骤 4"和"步骤 5"；否则，算法结束。

提示：

该算法不仅正确，而且是计算机较好的算法，因为计算机是高速运算的自动机器，实现循环轻而易举。

（3）N-S 流程图表示算法。

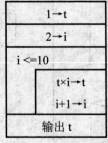

图 7-13   示例 6 的 N-S 结构流程图

（4）传统流程图表示算法。

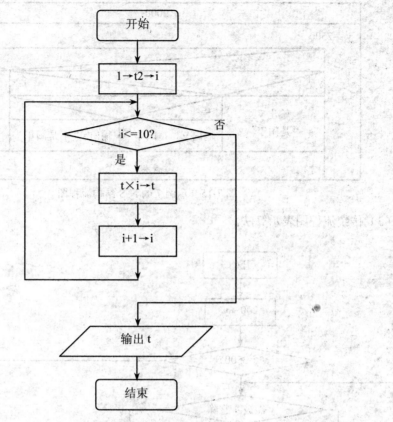

图 7-14　示例 6 的传统流程图

4. 综合应用

【示例7】

编写算法，判定 2000~2500 年中的每一年是否闰年，将结果输出。

润年的条件：

（1）能被 4 整除，但不能被 100 整除的年份。

（2）能被 100 整除，又能被 400 整除的年份。

实验过程与内容：

（1）设计算法。

设 y 为被检测的年份。

步骤 1：2000→y。

步骤 2：y 不能被 4 整除，则输出 y "不是闰年"，然后转到 "步骤 5"。

步骤 3：若 y 能被 4 整除，不能被 100 整除，则输出 y "是闰年"，然后转到 "步骤 5"。

步骤 4：若 y 能被 100 整除，又能被 400 整除，输出 y "是闰年"；否则输出 y "不是闰年"，然后转到 "步骤 5"。

步骤 5：y+1→y

步骤 6：当 y≤2500 时，返回 "步骤 2" 继续执行，否则，结束。

（2）N-S 流程图表示算法。

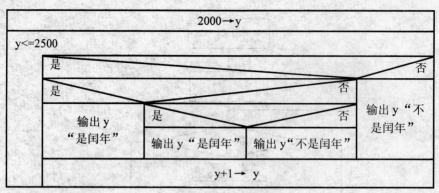

图 7-15　示例 7 的 N-S 结构流程图

（3）传统流程图表示算法。

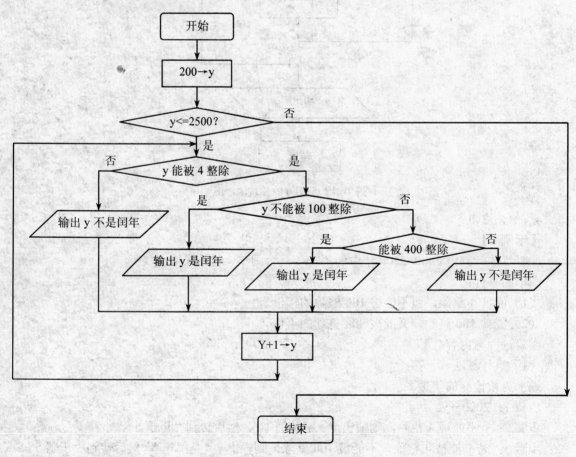

图 7-16　示例 7 的传统流程图

四、实验练习及要求

分别用 N-S 结构流程图和传统流程图表示以下各程序的算法。

1. 输入三角形的三边长，求三角形面积。

为简单起见，设输入的三边长 a,b,c 能构成三角形。已知求三角形面积的公式为：
$s=(a+b+c)/2$，$area = \sqrt{s(s-a)(s-b)(s-c)}$。

2．任意输入三个实数 a、b、c，计算出 d=a+b/c 的值。

3．任意输入两个整数 a 和 b，如果 a>b，则输出 a-b；否则，输出 a+b。

4．求 s=1+11+111+1111+…的前 n 项的和。

5．s=1+2+… …+n，求当 s 不大于 4000 时，最大的 n 值。

6．设计求 1×3×5×7×9×11 的算法。

五、实验思考

1．如果计算 100!，如何修改示例 1 的算法？

2．设计求 1×3×5×7×9×11 的算法。

3．绘制流程图应该包含哪些要素？

第八章　Access 数据库基础

本章实验的基本要求：

- 掌握 Access 数据库软件的基本操作。
- 了解 Access 数据库窗口的基本组成。
- 掌握创建 Access 数据库、数据表的方法。
- 学会数据表的维护操作。
- 掌握表属性的设置。
- 掌握记录的编辑、排序和筛选。
- 掌握索引和关系的建立。
- 掌握创建查询的各种方法。

第一项　创建数据库及数据表

一、实验目的

1. 掌握创建数据库和数据表的方法。
2. 掌握设置数据库表的主键。
3. 掌握表记录的数据类型设置分析。

二、实验准备

在某个磁盘（如 E:\）下创建自己的文件夹，命名为"学号_班级_姓名_Access"，用于存放练习文件。

三、实验演示

1. 建立数据库

【示例 1】

创建"出版社图书管理"数据库。

实验过程与内容：

（1）单击"开始"菜单，依次指向"所有程序"→Microsoft Office，单击 Microsoft Access，打开 Access 工作窗口，如图 8-1 所示。

（2）单击"任务窗格"中的"空数据库"选项，打开数据库文件保存对话框，如图 8-2 所示。系统默认的存放位置是"我的文档"，操作者可以自己选择文件保存位置（如自己的文件夹），在文件名处输入"出版社图书管理"。

（3）单击"创建"按钮，打开"数据库"窗口，如图 8-3 所示。

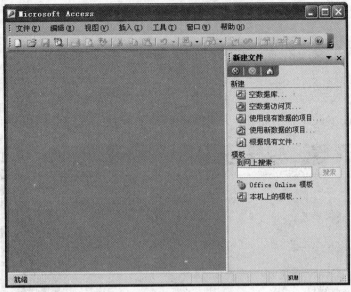

图 8-1　Access 工作窗口

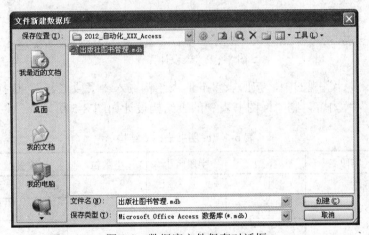

图 8-2　数据库文件保存对话框

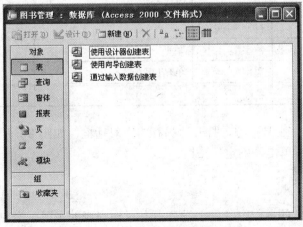

图 8-3　"数据库"窗口

2. 创建数据库的表

【示例2】

在已创建的"出版社图书管理"数据库中新建数据表，ts 图书表。

实验过程与内容：

（1）在图 8-3 所示的"数据库"窗口中，单击左侧对象的"表"选项。

（2）双击"使用设计器创建表"选项，打开"表设计"视图，如图 8-4 所示。

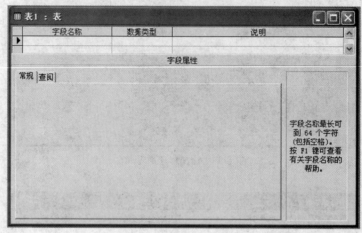

图 8-4　"表设计"视图

（3）在"表设计"视图中，按照表 8-1 的表结构输入"字段名称"，选择"数据类型"，设置"字段属性"等内容，则"ts 图书表"的表结构设计如图 8-5 所示。

表 8-1　ts 图书表的表结构

字段	字段名	类型	字段大小	小数位	索引	null
1	书号	文本型	5		主索引	否
2	书名	文本型	20			否
3	出版社	文本型	16			否
4	书类	文本型	6			否
5	作者	文本型	14			否
6	出版日期	日期/时间型				否
7	库存	数字型	整型			否
8	单价	数字型	单精度型	2		否
9	备注	备注				否

（4）单击"保存"工具按钮，打开"另存为"对话框，如图 8-6 所示。在"表名称"文本框中输入 ts 图书表，单击"确定"按钮。

3. 定义数据表的主键

实验过程与内容：

（1）在"示例2"的操作中，由于没有指定 ts 图书表的主键，当单击"确定"按钮后会弹出是否定义主键的提示信息框，如图 8-7 所示。

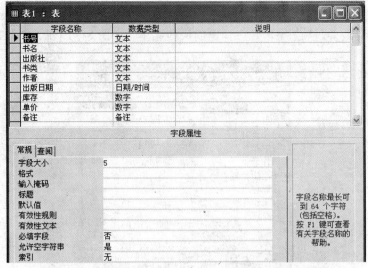

图 8-5　"ts 图书表"的表结构设计

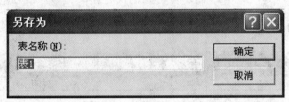

图 8-6　"另保存"对话框

图 8-7　提示信息框

（2）若单击"是"按钮，系统会自动添加"编号"字段，数据类型为"自动编号"，并设其为主键，如图 8-8 所示。"编号"字段名称的左侧有一个小钥匙标志，说明该字段为系统设置的主键字段。

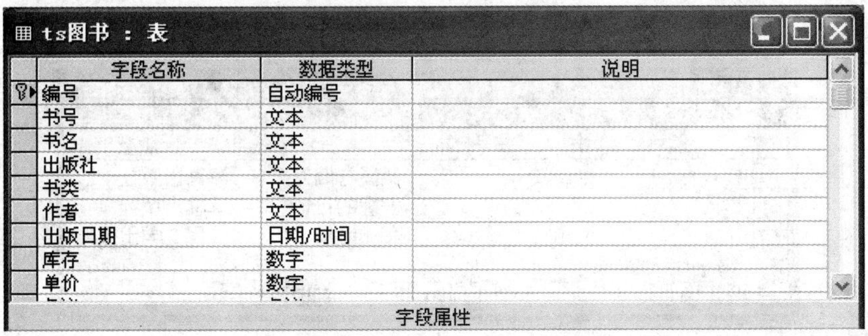

图 8-8　系统默认定义主键

若单击"否"，则不定义主键（但是以后还可以通过其他途径来定义主键）。

（3）通常用户会根据表的具体情况来定义属于表的主键，如将 ts 图书表的"书号"字段定义为主键，则右击"书号"字段，在弹出的快捷菜单（如图 8-9 所示）中选择"主键"命令。

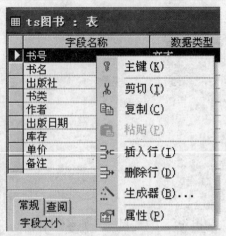

图 8-9　字段的快捷菜单

（4）在"说明"栏中输入"主键"，定义效果如图 8-10 所示。

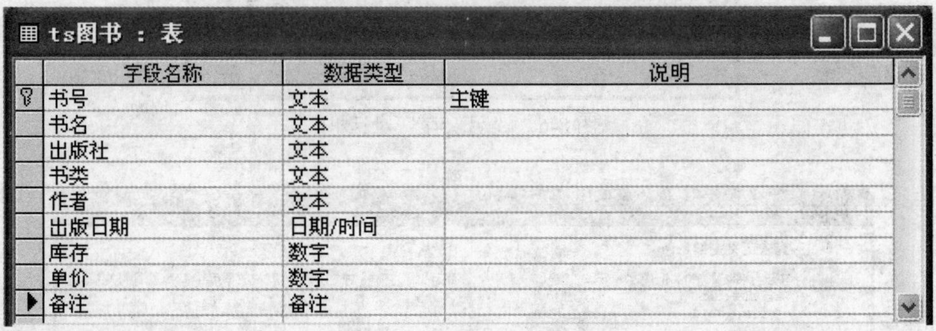

图 8-10　用户自定义主键

4. 输入数据表的记录

实验过程与内容：

（1）在图 8-3 所示的"数据库"窗口中选择"ts 图书表"。

（2）单击"数据库"窗口中的"打开"工具按钮，打开表记录输入窗口，如图 8-11 所示。

图 8-11　输入表记录窗口

（3）按照表 8-2 所示的 ts 图书表的记录内容输入各字段的值，如图 8-11 所示。

表 8-2 ts 图书表的表记录

书号	书名	出版社	书类	作者	出版日期	库存	单价	备注
s0001	傲慢与偏见	海南出版社	小说	简.奥斯汀	2009-02-04	2300	23.5	已预定 300 册
s0002	安妮的日记	译林出版社	传记	安妮	2008-05-08	1500	18.5	
s0003	悲惨世界	人民文学出版社	小说	雨果	2007-08-09	1200	30.00	
s0004	都市消息	三联书店	百科	红丽	2007-10-12	1000	20.00	
s0005	黄金时代	花城出版社	百科	崔晶	2009-05-25	800	15.00	
s0006	我的前半生	人民文学出版社	传记	溥仪	1995-08-09	850	29.00	
s0007	茶花女	译林出版社	小说	大仲马	1998-10-21	1300	35.00	

四、实验练习与要求

1. 建立"出版社图书管理"数据库的数据表
- 创建"出版社图书管理"数据库的 xs 销售表和 gk 顾客表，表结构设计参考表 8-3 和表 8-5 所示的表结构。
- 指定各表的主键。
- 参照表 8-4 和表 8-6 提供的记录，输入 xs 销售表和 gk 顾客表的内容。

表 8-3 xs 销售表的表结构

字段	字段名	类型	字段大小	小数位	索引	null
1	书号	文本型	5			否
2	顾客号	文本型	5			否
3	订购日期	日期/时间型				否
4	册数	数字型	整型			否
5	应付款	数字型	单精度	2		否

表 8-4 xs 销售表的表记录

书号	顾客号	订购日期	册数	应付款
s0004	g0001	2008-12-01	500	
s0002	g0002	2009-08-09	300	
s0003	g0003	2007-12-10	400	
s0007	g0004	1999-01-05	550	
s0001	g0005	2008-12-05	800	
s0004	g0005	2009-08-09	300	
s0007	g0003	1999-05-20	300	
s0002	g0001	2008-12-10	800	
s0003	g0004	2007-09-10	400	

表 8-5　gk 顾客表的表结构

字段	字段名	类型	宽度	小数位	索引	null
1	顾客号	文本型	5			否
2	单位	文本型	10			
3	联系人	文本型	8			否
4	电话	文本型	12			否

表 8-6　gk 顾客表的表记录

顾客号	单位	联系人	电话
g0001	新华书店	小米	024-66667777
g0002	图书城	李月	021-99998888
g0003	新新书店	赵刚	024-66665555
g0004	小小书店	李倩	18930301102
g0005	科普书店	王宏	13940408802
G0006	文艺书店	张丽	13066667777

2. 创建数据库

要求：

- 创建以下的数据库。
- 各数据库至少创建两个数据表，各数据表的结构及记录内容可参照书中给出的参考表，也可自行分析设计。
- 定义各个数据表的主键。
- 输入数据表的内容。
- 各数据库内容如下：

（1）学生信息数据库：

包括学生信息表、专业信息表等。其中学生信息表的参考结构及记录如表 8-7 所示。

表 8-7　学生信息表的结构及记录

姓名	性别	学号	录取专业	出生年月
田野	男	0910	营销	1989.9
赵亮	女	0911	会计	1988.8
黄海	女	0912	自动化	1989.7
邢程	男	0913	自动化	1987.7

（2）职工信息数据库

包括职工信息表、工作时间表等。其中职工信息表的参考结构及记录如表 8-8 所示，工作时间表中包含"编号"、"参加工作时间"等信息。

表 8-8　职工信息表的结构及记录

姓名	编号	部门	年龄	参加工作时间
胡楠	9612	校办	25	1997
武汉	9801	财务处	32	1981
金树	9524	房管处	34	1995
林迪	9512	外办	40	1978

（3）教师信息数据库

包括教师信息表、电话号码表等。其中教师信息表的参考结构及记录如表 8-9 所示，电话号码表包含"编号"、"电话"信息。

表 8-9　教师信息表的结构及记录

编号	姓名	性别	职务（职称）	单位	电话
9621	何力	男	教授	机械系	024-66667777
9801	张扬	女	副教授	化学系	021-99998888
9524	黎明	女	讲师	管理系	024-66665555
9312	高彭	男	处长	人事处	024-66667777

（4）学生成绩数据库

包括学生自然情况表、成绩表等，其中学生自然情况表参考结构及记录如表 8-10 所示，成绩表包括学号、高数、英语、体育等信息。

表 8-10　学生自然情况表的结构及记录

学号	姓名	专业	班级	家庭住址	电话	父母姓名
06101	常清清	计算机	061	沈阳市	18930301102	常立功
06102	李静	机械	062	天津市	13940408802	李为民
06111	郝欣	化工	063	北京市	13066667777	郝丽
06113	赵澎	计算机	061	天津市	18933331102	赵宏

3．建立"学生管理数据库"的数据表

- 创建"学生管理"数据库的 xs 学生表和 kc 课程，表结构设计参考表 8-3 和表 8-5 所示的表结构。
- 指定各表的主键。
- 参照表 8-11、表 8-12 和表 8-13 提供的记录，输入相应表的内容。

表 8-11　"xs 学生"表

学号	姓名	性别	出生日期	专业
201201	王鹏	男	1992 年 3 月 6 日	计算机信息管理
201202	刘小红	女	1995 年 5 月 18 日	国际贸易
201203	陈芸	女	1993 年 2 月 10 日	国际贸易

学号	姓名	性别	出生日期	专业
200204	徐　涛	男	1994 年 6 月 15 日	计算机信息管理
201205	张春晖	男	1992 年 8 月 27 日	电子商务
202106	祁佩菊	女	1990 年 7 月 11 日	电子商务

表 8-12　"kc 课程"表

课程号	课程名	学时数	学分
501	大学语文	70	4
502	高等数学	90	5
·503	基础会计学	80	4

表 8-13　"cj 成绩"表

学号	课程号	成绩
201201	501	88
201201	502	77
201201	503	79
201202	501	92
201202	502	91
201202	503	93
201203	501	85
201203	502	93
201203	503	66
201204	501	81
201204	502	96
201204	503	75
201205	501	72
201205	502	60
201205	503	88
201206	501	95
201206	502	94
201206	503	80

第二项　数据表的维护

一、实验目的

1. 掌握数据表中数据的编辑，即添加、删除和修改记录。

2．掌握数据表中数据的排序。

3．掌握表中字段的冻结与隐藏。

4．掌握建立表间关系的方法。

二、实验准备

1．熟悉"出版社图书管理"数据库中的数据表。

2．了解数据表记录的编辑、排序方法。

3．在某个磁盘（如 E:\）下创建自己的文件夹，命名为"学号_班级_姓名_Access"，用于存放练习文件。

4．将"出版社图书管理"数据库复制到自己的文件夹。

5．分析各表之间的数据相关性

三、实验演示

1．添加、修改、删除数据表的记录

【示例 1】

对"出版社图书管理"数据库中的"ts 图书表"进行如下操作：

- 添加一条记录：书号：S0008；书名：鲤上瘾；作者：张悦然；出版社：江苏文艺出版社；书类：小说出版时间：2010-3-1；库存：200；单价：25.00
- 修改一条记录。
- 删除一条记录。

实验过程与内容：

（1）添加记录。

- 打开"出版社图书管理"数据库，如图 8-12 所示。

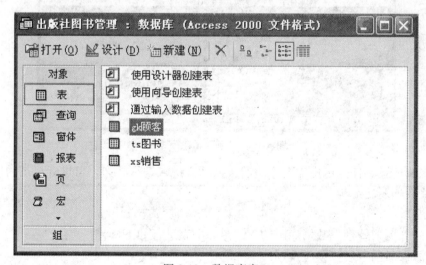

图 8-12　数据库窗口

- 双击需要添加记录的"ts 图书"表，弹出如图 8-13 所示的"数据表"视图。
- 在图 8-13 中的最后一条记录下方的空白处单击，按要求添加新记录内容，如图 8-14 所示。

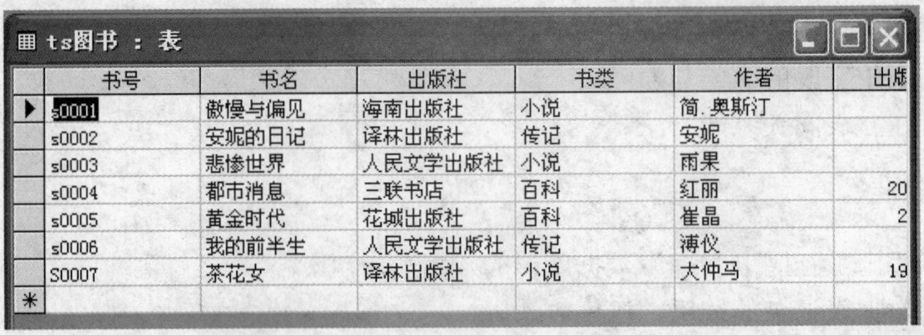

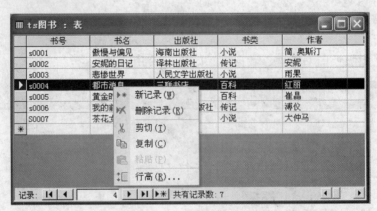

図 8-13　"ts 图书"数据视图

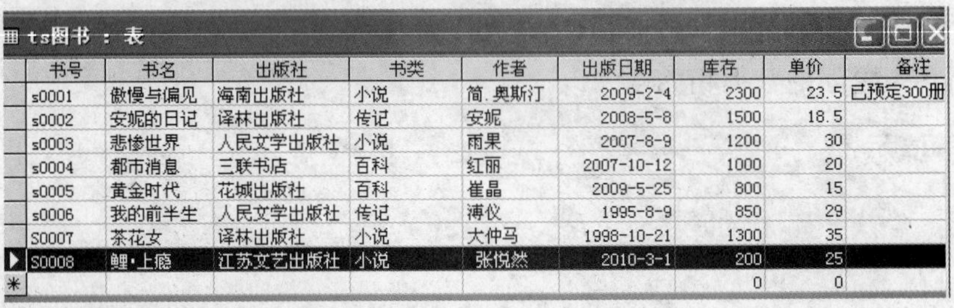

图 8-14　添加新记录的 ts 图书表

（2）删除记录。

选中要删除的某条记录，如图 8-15 中的第四条记录。右击该记录，选择"删除记录"命令，可以将该记录删除。

图 8-15　"删除记录"命令

（3）修改记录。任意单击需要修改的数据项，进入编辑状态，可进行记录的修改。

2．修改数据表的结构

【示例 2】

对"出版社图书管理"数据库中的"ts 图书"表进行如下操作：

- 在添加新的字段"读者反馈"。
- 在表的结构中删除字段"书类"。

实验过程与内容：

（1）打开"出版社图书管理"数据库的"ts 图书"表；右击需要删除的字段（如"书类"），如图 8-16 所示。

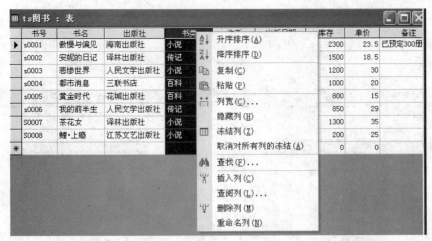

图 8-16　选中字段及其快捷菜单

（2）选择"删除列"即可删除该字段

（3）选择快捷菜单中的"插入列"，就可以添加一个新的字段。

3. 数据表记录的排序

【示例3】

对"出版社图书管理"数据库的"ts 图书"表按照单价进行排序。

实验过程与内容：

（1）打开"出版社图书管理"数据库的"ts 图书"表，单击"ts 图书"表中的"单价"字段。

（2）选择右键快捷菜单中的"升序排序"。

4. 数据表中字段的冻结与取消冻结

【示例4】

冻结"出版社图书管理"数据库中"ts 图书"表的"书名"字段，然后取消对该字段的冻结。

实验过程与内容：

（1）冻结字段。

● 打开"出版社图书管理"数据库，并打开"ts 图书"数据表，如图 8-17 所示。

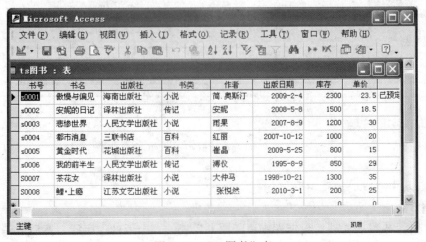

图 8-17　"ts 图书"表

- 单击要冻结的字段"书名"，单击"格式"菜单的"冻结列"命令，如图 8-18 所示。则"书名"字段被选定，并且处于"冻结"状态，不能被拖动到其他位置，如图 8-19 所示。

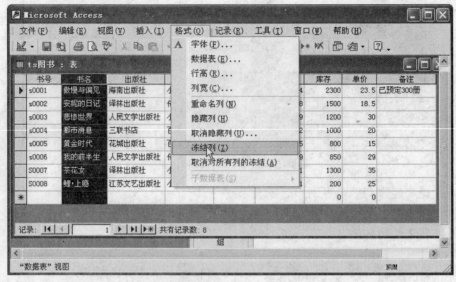

图 8-18　"格式"菜单

图 8-19　"书名"列被冻结

（2）取消字段冻结。

单击"格式"菜单，选择"取消对所有列的冻结"命令（见图 8-18），即可以取消对列的冻结。

5. 数据表中字段的隐藏与取消隐藏

【示例 5】

隐藏"出版社图书管理"数据库中"ts 图书"表的"出版社"字段，然后取消对该字段的隐藏。

实验过程与内容：

（1）隐藏字段（列）。单击要隐藏的"出版社"字段，单击"格式"菜单→"隐藏列"。

（2）取消隐藏。单击"格式"菜单→"取消隐藏列"即可。

6. 建立表的关系

【示例6】

对"出版社图书管理"数据库中进行如下操作：

（1）建立表 8-14 与表 8-15 间的关系。

（2）建立"xs 销售"表与"gk 顾客"表间的关系。

分析：

（1）表 ts 图书与 xs 销售有相同字段"书号"，可利用该字段进行关联。

（2）xs 销售表与 gk 顾客表有相同字段"顾客号"，可利用该字段建立关联。

表 8-14　ts 图书表的结构及记录

书号	书名	出版社	书类	作者	出版日期	库存	单价	备注
s0001	傲慢与偏见	海南出版社	小说	简·奥斯汀	2009-02-04	2300	23.5	已预定300册
s0002	安妮的日记	译林出版社	传记	安妮	2008-05-08	1500	18.5	
s0003	悲惨世界	人民文学出版社	小说	雨果	2007-08-09	1200	30.00	
s0004	都市消息	三联书店	百科	红丽	2007-10-12	1000	20.00	
s0005	黄金时代	花城出版社	百科	崔晶	2009-05-25	800	15.00	
s0006	我的前半生	人民文学出版社	传记	溥仪	1995-08-09	850	29.00	
s0007	茶花女	译林出版社	小说	大仲马	1998-10-21	1300	35.00	

表 8-15　xs 销售表的结构及记录

书号	顾客号	订购日期	册数	应付款
s0004	g0001	2008-12-01	500	
s0002	g0002	2009-08-09	300	
s0003	g0003	2007-12-10	400	
s0007	g0004	1999-01-05	550	
s0001	g0005	2008-12-05	800	
s0004	g0005	2009-08-09	300	
s0007	g0003	1999-05-20	300	
s0002	g0001	2008-12-10	800	
s0003	g0004	2007-09-10	400	

实验过程与内容：

（1）打开"出版社图书管理"数据库，单击菜单"工具"→选择"关系"，打开"关系"及"显示表"对话框，如图 8-20 所示。分别选择"gk 顾客"表，"ts 图书"表，"xs 销售"表，并单击"添加"按钮，将它们都添加到"关系"对话框上。

（2）在"gk 顾客"字段列表中选中"顾客号"项，然后按住鼠标左键并拖动到"xs 销售"表中的"顾客号"上，松开鼠标左键。这样在两个列表间就出现一条"折线"，如图 8-21 所示。

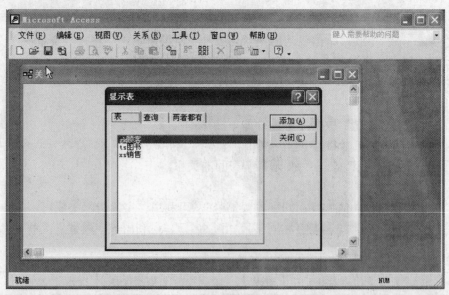

图 8-20 "关系"及"显示表"对话框

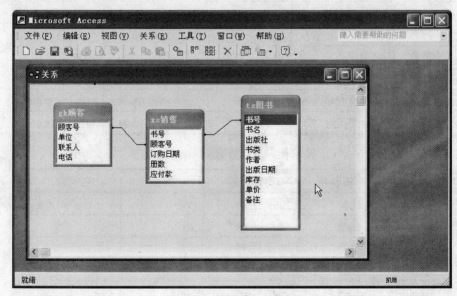

图 8-21 "关系"对话框

（3）按步骤（2）的方法建立"xs 销售"表与"ts 图书"表的关系。

四、实验练习与要求

1. 编辑"出版社图书管理"数据库的"gk 顾客"表的记录。

- 添加一个新的记录，内容为："顾客号：S0008；单位：XX 大学图书馆；联系人：求知；电话：1389888888"。
- 修改顾客赵刚的电话为：0246666999。

2. 在"出版社图书管理"数据库的"ts 图书"表中添加一条新记录，内容为：

"书名：温度决定生老病死；作者：蒋凡；出版社：江苏文艺出版社；出版时间：2008-4-1；定价：￥29.00"。

3. 修改"出版社图书管理"数据库的"xs 销售表"的表结构：
- 添加一个新字段：缴纳订书款（数字型），单精度。
- 删除 xs 销售表中的"订购日期"字段。

4. 对"出版社图书管理"数据库的"xs 销售表"按照"册数"字段排序。

5. 建立，并建立如下数据表。
- 学生表：包括"学号"、"姓名"、"专业"等字段，如表 8-16 所示。
- 成绩单表：包括"学号"、"班级"、"外语"、"体育"等字段。
- 学生自然情况表：包括"学号"、"家庭住址"、"电话"等字段。

表 8-16　学生表的表结构及记录

学号	姓名	专业	班级	家庭住址	电话	父母姓名	外语	体育
06101	常清清	计算机	061	沈阳市	23456	常立功	88	76
06102	李静	机械	062	天津市	23456	李为民	86	90
06111	郝欣	化工	063	北京市	23457	郝丽	90	70
06113	赵澎	计算机	061	天津市	23457	赵宏	78	70

6. 在"学生信息"数据库中，建立三个表之间的关系。

7. 分析表 8-11、8-12、8-13 表的内在关系，建立起 3 个表之间的关系。

第三项　查询

一、实验目的

1. 掌握创建简单查询的方法。
2. 掌握表的有条件查询。
3. 掌握表的参数查询。

二、实验准备

1. 在某个磁盘（如 E:\）下创建自己的文件夹，命名为"学号_班级_姓名_Access"，用于存放练习文件。
2. 将"出版社图书管理"数据库复制到自己的文件夹。
3. 分析各表之间的数据相关性。

三、实验演示

1. 创建简单查询

【示例 1】

对"出版社图书管理"数据库建立一个简单查询文件，显示顾客的图书订购信息。

分析：

要查询顾客的订书信息，显然要用到 ts 图书表，还要用到 gk 顾客表，那么两个独立的怎么才能关联到一起呢？这就用到了前面学习过的表之间的关联。在顾客表中存在顾客号字段，

xs 销售表里也有顾客号字段，利用它们之间的对应关系可以建立关联，在此基础上，利用 xs 销售表中的书号字段与 ts 图书表中的书号字段再建立关联，就形成了三个表之间的对应关系。

实验过程与内容：

（1）打开"出版社图书管理"数据库。在数据库窗口中，单击"对象"列表中的"查询"对象，显示"在设计视图中创建查询"和"使用向导创建查询"选项。如图 8-22 所示。

（2）双击"在设计视图中创建查询"选项，同时弹出"查询"和"显示表"两个对话框，如图 8-23 所示。

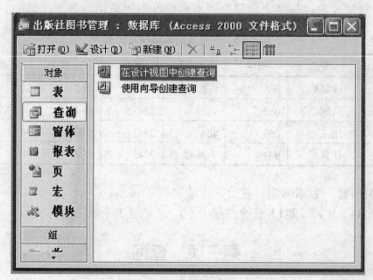

图 8-22　数据库的查询对象

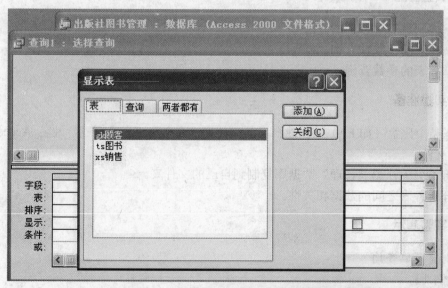

图 8-23　"查询"和"显示表"对话框

（3）"显示表"对话框的"表"选项卡中列出了该数据库的全部表，选择需要用到的表，如 ts 图书表，单击"添加"按钮。用同样方法依次添加好需要的表后，单击"关闭"按钮，打开如图 8-24 所示的查询视图。

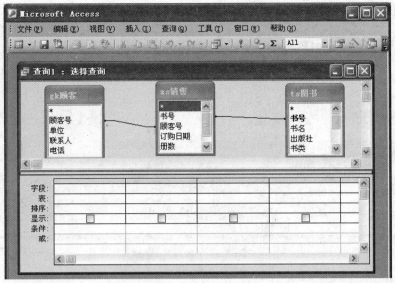

图 8-24 查询视图

（4）由于上次试验已经建立过表之间的关系，所以在图 8-24 中能够看到表之间的关系。单击查询设计视图中的字段项，把表中的所需字段直接拖到字段行中，如图 8-25 所示。

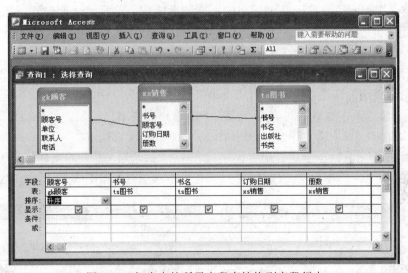

图 8-25 把表中的所需字段直接拖到字段行中

（5）单击"保存"选项，弹出"另存为"对话框，如图 8-26 所示。输入查询名称"基本查询"；单击"确定"按钮，返回到图 8-22 所示的查询对象窗口。双击新建立的查询文件"基本查询"，弹出查询的结果，如图 8-27 所示。

图 8-26 "另存为"对话框

图 8-27　查询结果

2.　建立一个条件查询文件

【示例2】

在"出版社图书管理"数据库中，显示顾客号是 g0002 的顾客的相关信息。

分析：

与"内容 1"相同，要显示某个顾客的所有购书的相关信息，就要建立 ts 图书表、gk 顾客表和 xs 销售表的关联，使 3 三个表之间建立对应关系。

实验过程与内容：

（1）打开"出版社图书管理"数据库。单击"对象"列表中的"查询"对象，双击"在设计视图中创建查询"选项，同时弹出"查询"和"显示表"两个对话框，如图 8-22 所示。

（2）在"显示表"对话框的"表"选项卡中选择需要用到的表，如 ts 图书表、gk 顾客表和 xs 销售表单击"关闭"按钮，打开如图 8-24 所示的查询视图。

（3）在字段选项对话框里选择适当的字段，最后在"顾客号"列的条件栏里输入"g0002"。注意，因为数据是"字符型"，所以数据前后各有一组双引号，如图 8-28 所示。然后保存查询。

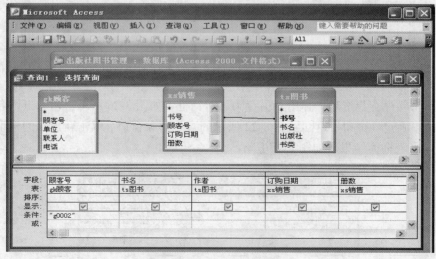

图 8-28　输入查询条件

（4）单击 Access 窗口工具栏中的运行按钮，即可查看查询的结果，如图 8-29 所示。

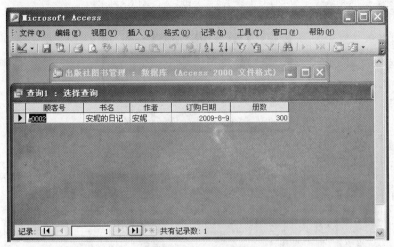

图 8-29　条件查询结果

分析查询结果：

由表 xs 销售能够看出，顾客号为 g0002 的顾客只订购了书号为 s0002 的书 300 册。由表 ts 图书表中可知书号是 s0002 的书的名称是《安妮的日记》，作者是安妮。所以上图的查询结果是正确的。

3. 建立带参数的查询文件

【示例 3】

在"出版社图书管理"数据库中，将"顾客号"设置为查询参数，以便用户任意查询某个顾客的购书信息。

实验过程与内容：

（1）按照"内容 2"的操作过程，打开如图 8-30 所示的对话框，选择查询显示字段。并在"顾客号"字段的"条件栏"中输入"[请输入顾客号：]"。注意方括号也要输入。

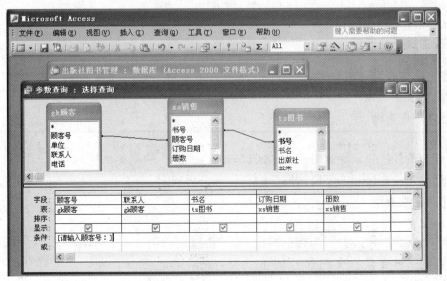

图 8-30　创建参数查询

（2）单击"保存"按钮，在保存文件名对话框里输入"参数查询"，单击"确定"。

（3）单击运行按钮，系统会弹出参数输入框，如图 8-31 所示。

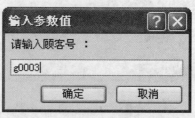

图 8-31   "输入参数值"对话框

在对话框中输入任意一个顾客号，如：g0003 或 g0004 等，单击"确定"按钮，查询的结果如图 8-32 所示。

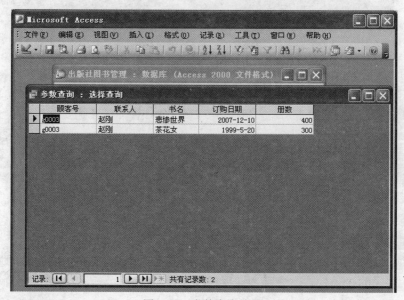

图 8-32   参数查询结果

四、实验练习及要求

1．建立简单查询。根据"出版社图书管理"数据库，显示顾客所在的单位及订购日期与数量。

2．建立条件查询。

要求：

- 查询条件：显示顾客号为"g0001"和"g0003"的相关信息。
- 查询文件要显示的字段请同学们自行分析后确定。

3．建立参数查询文件。

要求：

- 将"书名"字段设置为查询参数
- 查询文件要显示的字段请同学们自行分析后确定。